Carl Vogt · Jacob Moleschott · Ludwig Büchner · Ernst Haeckel
Briefwechsel

ACTA BIOHISTORICA
Schriften aus dem Museum und Forschungsarchiv für die Geschichte der Biologie
4

Herausgegeben von Armin Geus

Carl Vogt · Jacob Moleschott
Ludwig Büchner · Ernst Haeckel

Briefwechsel

Herausgegeben, eingeleitet und kommentiert von
Christoph Kockerbeck

Basilisken-Presse
Marburg 1999

Gedruckt mit Unterstützung der
Deutschen Forschungsgemeinschaft
auf alterungsbeständigem Papier (DIN ISO 9706).

Die Deutsche Bibliothek – CIP-Einheitsaufnahme:

Carl Vogt, Jacob Moleschott, Ludwig Büchner, Ernst Haeckel: Briefwechsel / hrsg., eingeleitet und kommentiert von Christoph Kockerbeck. – Marburg: Basilisken-Presse, 1999
(Acta biohistorica; Bd. 4)
ISBN 3-925347-50-X

Satz:
ASKU-PRESSE, Bad Nauheim

Druck:
Danuvia Druckhaus Neuburg GmbH, Neuburg an der Donau

Bindearbeiten:
Hendricks & Lützenkirchen GmbH, Kleve

Postfach 561, D-35017 Marburg/Lahn
Printed in Bundesrepublik Deutschland
ISBN 3-925347-50-X

Inhalt

Vorbemerkung

Der Herausgeber dankt der Biblioteca Dell' Archiginnasio (Bologna), der Bibliothèque publique et universitaire (Genf) und dem Ernst-Haeckel-Haus (Jena) für die Erlaubnis zum Abdruck der Korrespondenz. Mit Ausnahme der Briefe Jacob Moleschotts an Ludwig Büchner (Nr. 20 und Nr. 22) werden sämtliche Briefe und Dokumente erstmals publiziert. Die Briefe Ernst Haeckels an Ludwig Büchner sind verschollen. Die Originale wurden anhand von Photokopien und Mikrofilmen transkribiert. Orthographie und Interpunktion bleiben unverändert. Die Groß- und Kleinschreibung wurde vereinheitlicht. Ergänzungen des Herausgebers wurden in Klammern [], Leseunsicherheiten mit einem (?) im Text kenntlich gemacht. Das Personenregister enthält alle in den Briefen und Dokumenten erwähnte Personen. Das Literaturverzeichnis umfaßt neben den in den Briefen erwähnten Schriften, die zu den Kommentaren herangezogene und die in der Einleitung des Herausgebers zitierte Literatur.

Die vorliegende Edition haben Herr Prof. Dr. Gernot Böhme (Darmstadt) und die Deutsche Forschungsgemeinschaft (Bonn) ermöglicht. Für wertvolle Hilfestellungen ist der Herausgeber Frau Ursula Becker (Frankfurt a.M.), Herrn Rainer Brömer (Göttingen), Herrn Prof. Dr. Armin Geus (Marburg), Frau Dipl. Phil. Manuela Köppe (Berlin), Frau Dr. Erika Krauße (Jena), Herrn Bibliotheksoberrat Werner Wegmann (Darmstadt), Herrn Dr. phil. habil. Klaus Wenig (Berlin) und Herrn Prof. Dr. Francesco Tomasoni (Roncadelle) zum Dank verpflichtet.

Verzeichnis der Archive

ABW – Zentrales Archiv der Berlin-Brandenburgischen Akademie der Wissenschaften, Berlin
BAB – Biblioteca Dell' Archiginnasio, Bologna
EHH – Ernst-Haeckel-Haus, Jena
FDH – Freies Deutsches Hochstift/Frankfurter Goethe-Museum, Frankfurt a. M.
UBG – Bibliothèque publique et universitaire, Genf

Abb. 1: Ludwig Büchner

Abb. 2: Jacob Moleschott

Abb. 3: Carl Vogt

Abb. 4: Ernst Haeckel

1. Einleitung des Herausgebers

Die Korrespondenz zwischen dem Zoologen, Geologen und Politiker Carl Vogt (1817–1895), dem Physiologen Jacob Moleschott (1822–1893), dem Arzt und Philosophen Ludwig Büchner (1824–1899) sowie dem Zoologen Ernst Haeckel (1834–1919) spiegelt die Vielseitigkeit dieser einflußreichen Forscher und Schriftsteller wider, die das Profil der Naturwissenschaften, der wissenschaftlichen Weltanschauung und materialistischen Philosophie der zweiten Hälfte des 19. Jahrhunderts auf markante Weise geprägt haben.

Zunächst werden drei biographische Skizzen Vogts, Moleschotts und Büchners gegeben, die dem Benutzer einen Überblick über deren Leben und Werk vermitteln wollen. Ihnen folgt eine Zusammenfassung der Briefwechsel Vogt-Moleschott und Büchner-Moleschott, die insgesamt 24 Schriftstücke umfassen. Die Darstellung geht auf die leitenden Themen der Korrespondenzen ein und soll die Lektüre der Briefe und Dokumente erleichtern. Der zweite Teil der Einleitung betrifft die Briefwechsel Vogt-Haeckel, Moleschott-Haeckel sowie die Briefe Büchners an Haeckel. Ihre Veröffentlichung rechtfertigt die wissenschaftshistorische Bedeutung Haeckels, dessen Beitrag zur Popularisierung der Naturwissenschaften und Stellung in der Geschichte des Materialismus. Zumal Haeckels Wirken in diesem dreifachen Horizont mit den Leistungen Vogts, Moleschotts und Büchners verglichen werden kann, ermöglicht die Edition weitere Aufschlüsse über die Entwicklung der Biologie und deren kulturelle Dimension im letzten Drittel des 19. Jahrhunderts. Den 40 Briefen wird ein biographischer Abriß über Leben und Werk des Jenaer Zoologen sowie eine Zusammenfassung der Briefwechsel Vogt-Haeckel, Moleschott-Haeckel sowie der Briefe Büchners an Haeckel vorangestellt.

1.1. Der Briefwechsel zwischen Carl Vogt, Jacob Moleschott und Ludwig Büchner und deren Rezeption als der »materialistische Trinität«

Die Edition des Briefwechsels zwischen Carl Vogt, Jacob Moleschott und Ludwig Büchner ist ein wissenschaftshistorisches Desiderat. Sie soll sowohl das authentische Selbstverständnis als auch die Berührungsflächen der drei Persönlichkeiten dokumentieren. Darüber hinaus will sie den Übertreibungen und Verzeichnungen begegnen, welche die Rezeptionsgeschichte des »materialistischen Triumvirats« seit geraumer Zeit beherrschen. Studiert der Leser die Korrespondenz lediglich aus philosophischer Perspektive, wird ihre Lektüre enttäuschen. Dagegen sind die überlieferten Briefe und Dokumente hinsichtlich der Positionen Vogts, Moleschotts und Büchners innerhalb der Geschichte der Naturwissenschaften des 19. Jahrhunderts im besonderen sowie in der zeitgenössischen Wissenschaftskultur im allgemeinen ergiebig und aufschlußreich.

Der Briefwechsel Vogt-Moleschott (1852–1889) konzentriert sich – um die leitenden Themen der Korrespondenzen hier anzudeuten – auf zwei Abhandlungen Carl Vogts, die in der Zeitschrift *Untersuchungen zur Naturlehre des Menschen und der Thiere* (1857–1892) erschienen. Dieses renommierte Organ wurde 1857 von Moleschott begründet. In der ersten Arbeit (Vogt 1861) unterzog Vogt die ausgedehnten Tierversuche des Münchener Anatomen und Physiologen Theodor Ludwig Wilhelm Bischoff (1807–1882) und dessen Assistenten Carl von Voit (1831–1908), die der Erforschung des Stickstoffs bei der Bildung tierischer Gewebe dienten, einer vernichtenden Kritik. Mit dem zweiten Aufsatz (Vogt 1870) wollte Vogt Bischoffs Zurückweisung (Bischoff 1867) seiner anthropologischen, entwicklungsgeschichtlichen und psychologischen Bewertung der Mikrokephalie (Kleinköpfigkeit), einer seltenen pathologischen Hemmungsbildung des menschlichen Schädels, widerlegen. Der kurze Briefwechsel zwischen Moleschott und Büchner (1855–1856) tangiert zunächst Büchners Sendung von *Kraft und Stoff* (1855) an Moleschott. Des weiteren betrifft er Moleschotts Beurteilung des Manuskripts zum 3. Vorwort der 4. Auflage seines philosophischen Hauptwerkes, das Büchner dem Physiologen anläßlich seiner Kritik an Justus von Liebig (1803–1873) in Auszügen zur Durchsicht vorlegte.

Obwohl Vogt in einem Schreiben[1] an Moleschott die gegensätzlichen Standpunkte zwischen ihm und Bischoff bei der Bewertung des »Unterschieds zwischen Menschen- und Thierseele« andeutet, unterbleibt in seiner eher pragmatischen Korrespondenz jedweder Kommentar der Moleschott eingereichten Manuskripte. Die Briefwechsel Vogt-Moleschott und Vogt-Haeckel (1865–1870) belegen, daß Vogt beiden Kollegen als naturforschender Universitätsgelehrter begegnete und zumindest an einem schriftlichen Gedankenaustausch über weltanschauliche oder theoretische Konsequenzen des Erkenntnisfortschrittes kein Interesse zeigte.

Vogts Auftreten gegenüber Moleschott einerseits und Moleschotts Stillschweigen in »weltanschaulichen Dingen« gegenüber Vogt und Büchner andererseits läßt an der Stichhaltigkeit der geläufigen triadischen Identifizierung Vogts, Moleschotts und Büchners als den Schöpfern eines »vulgären Reiseprediger-Materialismus« (Engels 1925:33) erhebliche Zweifel aufkommen. Diese wird in der Philosophiegeschichte seit der Auseinandersetzung des linkshegelianischen Materialisten Friedrich Engels (1820–1895) mit dem naturwissenschaftlichen Materialismus der nachachtundvierziger Jahre bestimmend. Sie begreift das Œuvre Vogts, Moleschotts und Büchners lediglich als homogene »gegenseitige Assekuranz« (Engels 1925:196), die ihre Kräfte auf die Verbreitung einer philosophisch naiven (Engels 1878:11), undialektischen (Engels 1925:33) sowie mechanisch beschränkten (Engels 1888:31) materialistischen Weltanschauung konzentrierte. Wurde das weltanschaulich akzentuierte Schrifttum Vogts, Moleschotts und Büchners von Engels aus ideologischen Motiven bekämpft, beurteilte es der Neukantianer Friedrich Albert Lange (1828–1875) in seiner »Geschichte des Materialismus und Kritik seiner Bedeutung in der Gegenwart« (1873) vornehmlich aus kritizistischer Perspektive, wobei er die erkenntnistheoretische Plausibilität seiner einzelwissenschaftlich abgeleiteten ontologischen Aussagen bestritt. An Engels und Lange anknüpfend tendiert die philosophiehistorische Rezeption Carl Vogts und Jacob Moleschotts noch heute (vgl. Wittich 1971, Bloch 1972, Hörz 1991, Killy 1995) dazu, beide Persönlichkeiten lediglich als Ver-

1 vgl. Vogt an Moleschott, 5.7.1867, Nr. 14

treter eines »einzelwissenschaftlich bestimmten ›Naturbildes‹« anzusehen, die »Ohne die leisesten erkenntniskritischen Skrupel … partikuläre Einsichten oder Forschungsprinzipien in den Rang eines metaphysischen Totalwissens« (Schmidt in Lange 1974 Bd. 1:XIII, XV) erheben.[2] Daß sich Vogt und Moleschott als passionierte Naturforscher begriffen, wird dabei jedoch in der Regel ignoriert. Die einseitige Fokussierung auf die Spezifika ihrer Weltbilder hat das Interesse an den zoologischen, physiologischen und physiologisch-chemischen Leistungen Vogts und Moleschotts weitgehend absorbiert. Büchner selbst hält dem entgegen, daß er

»Persönlich … Moleschott nie gekannt, auch während seines Züricher und italienischen Aufenthalts keine brieflichen Beziehungen mehr mit ihm unterhalten« habe. »Es hat ihn daher immer sonderbar angemutet, wenn er so oft im Verein mit Moleschott und Karl Vogt (den er zwar als Student in Gießen persönlich gekannt, mit dem er aber nie litterarische oder briefliche Beziehungen unterhalten hat) als Teilnehmer einer Art von geheimer Trias genannt wurde und fortwährend genannt wird, welche sich die gemeinsame Aufgabe gesetzt habe, die Welt in den Abgrund des materialistischen Unglaubens zu stürzen. Es hat zwischen uns dreien niemals eine andere, als eine geistige Gemeinschaft bestanden, herbeigeführt durch die glänzenden Resultate der modernen Naturwissenschaft und deren Anwendung auf die religiösen und philosophischen Anschauungen der Vergangenheit und Gegenwart.« (Büchner 1900:140)

Die Kritik an dem »mechanischen Charakter« des naturwissenschaftlichen Materialismus und seiner einzelwissenschaftlichen Beschränkung geht insofern ins Leere, zumal Vogt und Moleschott sich

2 Wilhelm Bölsche (1861–1939) dagegen, der als Theoretiker des Naturalismus und später des Monismus keine philosophische Autorität und Vogt als naturwissenschaftlicher Volksschriftsteller verbunden war, unterstreicht, daß die unstrittige Affinität des Vogtschen Werkes zur Philosophie vom Autor keinesfalls beabsichtigt war, zumal sich »Durch alle seine Bücher … die grenzenlose Verachtung gegen alles, was philosophisch heißt, als roter Faden« (Bölsche 1897:554) zöge. Bölsche führt die materialistische Argumentation Vogts auf dessen literarisch-ästhetische Interessen zurück (cf. Bölsche 1897:558) und bestreitet, daß Vogt jemals einen bewußten Beitrag zur Weltanschauungs-Philosophie der zweiten Jahrhunderthälfte leisten wollte. (cf. Bölsche 1897:554)

nicht als »philosophische Naturforscher« (Feuerbach 1996:219), sondern als beständige »Arbeiter an der Volksbildung durch Thatsachenmaterial auf dem Gebiete der Naturforschung« (Bölsche 1901:III) betätigten. Vogt, Moleschott und Büchner vertraten ein demokratisches Wissenschaftsverständnis. Die Wissenschaft gehöre nicht nur der »Aristokratie der Bildung«, sondern dem ganzen »Volk«. (Wittich Bd. 1:32) Ihre weltanschaulichen und volksbildnerischen Schriften waren in zweifacher Hinsicht von beträchtlicher zeitgeschichtlicher Bedeutung:

1. Der Materialismus Vogts, Moleschotts und Büchners bildete einen separaten Zweig der wissenschaftlich argumentierenden Säkularisierung der zweiten Jahrhunderthälfte. Er suchte nach einer physiologischen Lösung des Leib-Seele-Problems (Vogt 1847, Moleschott 1850, Büchner 1856) und integrierte den Menschen »als ... abhängiges, naturbedingtes Wesen« (Moleschott 1894:251) in den natürlichen »Kreislauf des Lebens«. Vogt, Moleschott und Büchner bekämpften als Naturforscher den Vitalismus und die Teleologie in Medizin und Biologie. Als »Freidenker« forderten sie eine komplette Trennung von Staat und Kirche, Theologie und Wissenschaft sowie Glauben und Wissen und wollten neben dem christlichen Gottesbekenntnis den religiös bedingten Aberglauben beseitigen. Ihre Bemühungen um die Popularisierung der Wissenschaften dienten auf dem Hintergrund der politischen Zustände der nachachtundvierziger Jahre ferner dem »allgemeinen Zweck ..., durch Bildung der unteren Schichten die Basis des Liberalismus zu vergrößern.« (Junker 1995:286) Ludwig Büchner etwa war davon überzeugt, daß sich »Das Publikum, entmutigt durch die kürzlichen Niederlagen der nationalen und liberalen Bestrebungen, ... mit Vorliebe den mächtig aufblühenden naturwissenschaftlichen Forschungen« zuwendet, »in welchem es eine Art von neuem Widerstand gegen die triumphierende Reaktion erblickt ...« (Büchner 1900:XVII).

2. Das auf dem chemischen, medizinischen, biologischen und geologischen Spezialwissen der Zeit beruhende popularisierende Schrifttum nahm eine Mittlerrolle zwischen der Naturforschung und dem bürgerlichen wie proletarischen Laienpublikum ein. Auch Vogt, Moleschott und Büchner prononcierten den aufklärenden Wert naturwissenschaftlicher Kenntnisse für das Individuum und dessen Emanzipation durch naturkundliche Bildung. Das entsprechende Volksbildungs-

angebot der nachachtundvierziger Jahre erstreckte sich neben der populärwissenschaftlichen Publizistik und ihrem Vereins- und Vortragswesen auf »naturnahe« öffentliche Institutionen wie zoologische Gärten und naturkundliche Museen. (cf. Daum 1998, Kockerbeck 1997:34 f., 130–132) Zu den renommiertesten wissenschaftlichen Autoritäten der volksbildnerischen Publizistik der zweiten Jahrhunderthälfte zählen daneben ihr eigentlicher Nestor, der Naturforscher Alexander von Humboldt (1759–1849), der freireligiöse Publizist Emil Adolf Roßmäßler (1806–1867), der Zoologe Alfred Edmund Brehm (1829–1884), der Botaniker Matthias Jacob Schleiden (1804–1881), der Zoologe Hermann Burmeister (1807–1892), der Geologe Bernhard Cotta (1808–1879) und der Zoologe Ernst Haeckel. Ihre populären Schriften förderten die Akzeptanz wissenschaftlich-technischer Denkstile; einer unabdingbaren Voraussetzung für die rasante Entwicklung der Industrie und Technik während der zweiten Hälfte des 19. Jahrhunderts.

1.2. Carl Vogt (1817–1895) – Leben und Werk

Carl Vogt wurde am 5. Juli 1817 in Gießen geboren. Sein Vater Philipp Friedrich Vogt (1786–1861) war bis zu seiner Emigration in die Schweiz (1835) Professor der Medizin an der Universität Gießen und seit 1835 an der Universität Bern. Carl Vogt, der ursprünglich Chemiker werden wollte, begann 1833 sein Studium als Schüler bei Justus von Liebig in Gießen. Während der Gießener Studienjahre hörte er zusammen mit Georg Büchner (1813–1837), dem Bruder Ludwig Büchners, ein Privatissimum in vergleichender Anatomie. Wegen des Verdachts der Beteiligung an politischen Umtrieben in Hessen wurde Vogt vom großherzoglich-hessischen Hof strafrechtlich verfolgt. 1835 floh Vogt über Jugenheim und Straßburg zu seiner Familie nach Bern, wo er im gleichen Jahr das Studium der Medizin bei dem renommierten Anatomen und Physiologen Gabriel Gustav Valentin (1810–1883) aufnahm. 1839 wurde er mit der Schrift *Zur Anatomie der Amphibien* zum Dr. med. promoviert. Den Arztberuf übte Vogt nicht aus. 1839–1844 war Vogt gemeinsam mit Edouard Desor (1811–1882), einem begabten Naturforscher und politischen Flüchtling hugenottischer Abstammung, wissenschaftlicher Mitarbeiter von Louis Agassiz (1807–1873) in Neuchâtel. Der Geologe, Zoologe und Paläontologe Agassiz bekannte sich als Gegner des Evolutionsgedankens zur »Katastrophentheorie« George Cuviers (1769–1832). 1840–1843 erkundeten Vogt und Desor mit drei weiteren Kollegen den Aaregletscher in den Schweizer Alpen. Diese Forschungen wurden von dem »naturwissenschaftlichen Unternehmer« Agassiz koordiniert und geleitet. Bei ihren geologischen Studien wurde die Gruppe von Amanz Gressly (1816–1865), dem Schöpfer des Fazies-Begriffs, unterstützt. Vogt beschäftigte sich in diesem Lebensabschnitt vorrangig mit den »fossilen Fischen ..., der Monographie des alten roten Sandsteins, der Anatomie und Entwicklungsgeschichte der Süßwasserfische, der Redaktion der deutschen Ausgabe des Gletscherbuches.« (Vogt 1896:197) Er verkehrte in fortschrittlichen Emigrantenkreisen und war mit dem politischen Lyriker Georg Herwegh (1817–1875) und dem russischen Sozialisten Alexander Herzen (1812–1870) zeitweise befreundet. Während eines Studienaufenthalts in Paris (1844–1846) reiste Vogt in Gesellschaft Herweghs und des russischen Revolutionärs Michail Bakunin (1814–1876) zu gelegentlichen meereszoologischen Studien an die Küste von St. Malo und Nizza. In Paris stand er mit den bedeutendsten Zoologen Frankreichs in Verbindung, u.a. mit Cuviers ehemaligen Mitarbeiter Achille Valenciennes (1794–1865), Henry Milne-Edwards (1800–1885), Armand Quatrefages de Bréau (1810–1892) und Henri Félix Joseph de Lacaze-Duthiers (* 1821). Daneben besuchte er Vorlesungen des französischen Geologen Léonze Elie de Beaumont (1798–1874) an der Pariser »École des mines«, von denen sein populäres *Lehrbuch der Geologie und Petrefactenkunde* (1846–1847) unmittelbar profitierte. In den Salons der französischen Hauptstadt begegnete Vogt dem bereits legendären Alexander von Humboldt. 1847 wurde Vogt – offenbar auf Veranlassung seines ehemaligen Lehrers Liebig – als außerordentlicher Professor der Zoologie an die Universität Gießen berufen. In der Antrittsvorlesung *Ueber den heutigen Stand der beschreibenden Naturwissenschaften* (1847) erläuterte er seine leitenden Gedanken über das Wesen und die Aufgaben der Naturwissenschaften. Diese seien »in ihrer großen Gesammtheit … rein materialistische Wissenschaften«, deren »Zweck« die »Erforschung der Materie nach allen Richtungen hin« (Vogt 1847b:18) bilde. Die Stilisierung der Naturwissenschaften zur Leitwissenschaft im Verlauf der 1870er Jahre vorwegnehmend, waren sie für Vogt »gerade deshalb der getreueste Spiegel des Geistes unserer Zeit, weil sie zugleich seine höchste Blüthe sind; weil sie allein unter allen anderen Wissenschaften sichere Grundlagen bieten, auf welche man weiter bauen kann; weil sie allein zu weiteren Fortschritten, zu größerer materieller wie geistiger Beglückung die Bedingungen in sich tragen.« (Vogt 1847b:5) Dennoch warnte er angesichts der »Unendlichkeit der Natur, dieser reichen Fülle ihrer Producte … , welche uns wieder unsere Fortschritte als nichtig, unser Wissen als unbedeutend erscheinen läßt« (Vogt 1847b:6), das erworbene Naturwissen womöglich jemals als abgeschlossen anzusehen:

»Hier entwickelt sich die Wissenschaft unter unsern Händen; was wir heute als wahr erkennen mußten, wird uns vielleicht morgen als grober Irrthum dargelegt; mit jedem Augenblicke ändert sich nicht nur die äußere Gestalt, sondern auch der innere Gehalt der ganzen Wissenschaft.« (Vogt 1847b:7f.)

Vogts beständige Zweifel an der Plausibilität eines Erkenntnisfortschritts der Naturwissenschaften mittels philosophischer wissenschaftstheoretischer Kriterien rühren aus seinem offenkundigen Bekenntnis zum Positivismus. Obwohl er die Notwendigkeit der »Reflexion, die Verkettung der Erscheinungen« zur Orientierung des Forschers und zur Erkenntnis der Naturphänomene unterstrich und demnach »die bloße Anhäufung von Thatsachen« verwarf, bestritt er, daß der Philosophie als Geisteswissenschaft ein fruchtbarer Beitrag zur Naturforschung eingestanden werden darf: »Was Einzelne leisteten, leisteten sie als Naturforscher, nicht als Philosophen.« (Vogt 10.4.1877:2) Insbesondere die romantische Naturphilosophie, die in den 1840er Jahren bereits überwunden war, habe bei der Erkenntnis der Naturwahrheit mit dem ihr typischen spekulativen System gänzlich versagt:

»Mit ein paar ärmlichen Formeln von Polarität, Identität, Gegensatz der Pole, und magnetischem Indifferenzpunkt glaubte man das Leben erklären, das Weltall mit seinen Bewohnern construiren zu können.

Statt der Natur das Richteramt der Kritik zu überlassen, erklärte man im Voraus, daß sie dann im Fehler sey, wenn sie den apriorischen Speculationen ihre Zustimmung nicht gebe. Man suchte die Unvollständigkeit, das Mangelhafte der Beobachtung durch Phantasien zu ersetzen und gelangte so auf Abwege, die hinter den Ausgangspunkt zurückführten.« (Vogt 1847b:11 f.)

Aus Vogts Widerstand gegen die Naturphilosophie wird seine radikale Ablehnung jedweder Synthese von Philosophie und Naturforschung verständlich. So war ihm insbesondere der Haeckelsche Monismus zutiefst zuwider. Vogt verurteilte diesen als eine unzulässige metaphysische Verfälschung der empirisch begründeten mechanischen Evolutionstheorie Charles Darwins (1809–1882).[3] Von Gießen aus machte er sich für die Beseitigung der feudalen Zustände sowie die Eindämmung der Kirche und des Gottesglaubens stark, die er als Atheist scharf attackierte. Vogt war Oberst der Gießener Bürgergarde. 1848 wurde er als 6. großherzoglich-hessischer Abgeordneter in das Frankfurter Vorparlament und in die Nationalversammlung entsandt. Anläßlich der verfassunggebenden Beratungen des sog. »Kirchenparagraphen« in der Paulskirche am 22.8.1848 plädierte Vogt als Atheist, Forscher und Demokrat sowohl »für die Trennung der Kirche vom Staate« (Stenograph. Bericht 1848:1668) als auch »für die vollständige Trennung der Schule von der Kirche.« Er empfand »jede Kirche, habe sie einen Namen, welchen sie wolle,« als »Hemmschuh der Civilisation«, die mit ihren »Glaubenssätzen, weil sie überhaupt einen Glauben will, … der freien Entwicklung des Menschengeistes entgegen« (ebd.:ib.) stehe. Nur »Mit der vollständigen Befreiung der Schule von der Kirche« könne die liberale Bewegung »die wachsende Generation« für sich gewinnen, »und wenn unsere Jugend in dem Lichte der Wissenschaft steht«, wird der Einfluß der Kirche »vernichtet sein; wir werden als Sieger aus dem Kampfe hervorgehen, und dann wird strahlen überall das Zeichen, welches wir pflanzen wollen: nämlich das Panier der unbedingten Freiheit! (Lebhafter Beifall von der Linken und von der Gallerie.)« (ebd.:1670) Die Verfassung solle jedem Staatsbürger garantieren, daß »Niemand … seiner religiösen Ueberzeugung

3 vgl. Vogt an Haeckel, 4.6.1870, Nr. 30; Vogt 10.4.1877:2

wegen benachtheiligt oder zur Verantwortung gezogen werden« darf, »namentlich darf kein Recht im Staate von dem Bekenntnisse irgend eines Glaubenssatzes oder von Vornahme irgend einer religiösen Handlung abhängig gemacht werden.« (ebd.:1669) Vogt nahm also bereits 1848 die Programmatik der Freidenkerbewegung des deutschen Kaiserreiches vorweg. Nach dem Scheitern der 48er-Revolution floh er mit dem Rumpfparlament nach Stuttgart. Nach einem kurzen Intermezzo als Reichsregent mußte Vogt nach der Zerschlagung des Rumpfparlaments durch württembergische Truppen erneut in die Schweiz emigrieren. Zunächst lebte er als Privatgelehrter wieder in Bern und seit 1850 in Nizza, wo er seine meeresbiologischen Studien fortsetzte. Von 1852 bis zu seinem Lebensende am 5. Mai 1895 war Vogt Professor der Geologie und seit 1872 auch der Paläontologie, Zoologie und vergleichenden Anatomie an der Genfer Akademie und Universität. Vogt wirkte am politischen Leben der Schweiz aktiv mit. Er war Mitglied der Kantonalräte in Bern und Genf. 1856–1861 und 1870–1871 war er Mitglied des Eidgenössischen Ständerates. 1878–1881 gehörte Vogt dem Schweizer Nationalrat an.

Für den Zoologiehistoriker Rudolph Burckardt bildet Vogt »Ein gewisses Bindeglied zwischen der französischen und der deutschen Zoologie. ... Ursprünglich Cuvierist, nahm er später im Lager des Darwinismus eine erste Stelle ein, um jedoch dann eigene Wege zu gehen und namentlich an der polyphyletischen Deszendenz festzuhalten.« (Burckhardt 1907:113) Als Anhänger der Cuvierschen »Katastrophentheorie« und Gegner der romantischen Naturphilosophie lehnte Vogt die Plausibilität eines realgenetischen Hervorgehens der Arten auseinander zunächst entschieden ab und bestritt somit deren Variationsfähigkeit. Noch in den *Bildern aus dem Thierleben* (1852) behauptete er, daß es » mit allen möglichen Tiraden ... nicht gelungen ist, zwischen Wirbelthieren, Gliederthieren, Weichthieren und Strahlthieren den leisesten Übergang oder eine Gemeinschaft des Plans nachzuweisen.« (Vogt 1852:361 f.) Nach dem Erscheinen von Darwins Hauptwerk »Die Entstehung der Arten durch natürliche Zuchtwahl« (1859) bekannte sich Vogt zur Entwicklungslehre und verbreitete in den *Vorlesungen über den Menschen, seine Stellung in der Schöpfung und in der Geschichte der Erde* (1863) seine Überzeugung von der polyphyletischen Abstammung der Menschenrassen. Vogt hat Darwin wiederholt vergeblich ersucht, ihn mit der deutschen Übersetzung seiner Werke zu beauftragen. Der Genfer Zoologe wollte offenbar in die bereits leidenschaftliche Diskussion der Deszendenztheorie in Deutschland auch anhand einiger epochaler Schriften Darwins eingreifen. 1867 bot er dem englischen Naturforscher die Übertragung der Schrift »The variation of animals and plants under domestication« (1868) an, die Darwin jedoch wegen eines bereits erteilten Auftrages an den Zoologen Julius Victor Carus (1823–1903) absagen mußte. (cf. Junker/Richmond 1996:37f.) 1869 erfolgte Vogts Angebot, Darwins Hauptwerk über die Abstammung des Menschen »The descent of man, and selection in relation to sex« (1871) zu übersetzen, was Vogt jedoch alsbald widerrief. (cf. Junker/Richmond ebd.:64) Dennoch steuerte er das Vorwort zu den 1868 bzw. 1872 erschienenen französischen Übersetzungen der beiden Werke bei. Seine Übersetzung (1849) der Schrift »Vestiges of the Natural History of Creation« (1844)[4] von Robert Chambers (1802–1871), einem damals unbekannten schottischen Autor, läßt vermuten, daß sich Vogt »schon lange *vor* dem Erscheinen des Darwinschen Werkes für die Frage nach der Herkunft der heutigen Arten der Organismen interessierte; ... Trotz aller Mängel hat das anonyme Werk in England und durch die V[ogt]sche Übersetzung auch in Deutschland das Interesse für die Darwinsche Lehre vorbereitet.« (Querner 1986:336f.) Burckhardt bescheinigt Vogt, daß »die populäre Darstellung ... in ihm einen geistreichen und humoristischen Vertreter fand, namentlich vor und während der Periode des Darwinismus, wo seine *Zoologischen Briefe* (1851), die *Tierstaaten* (1851), *Köhlerglaube und Wissenschaft* (1855) und die *Vorlesungen über den Menschen* (1863) die Stimmung auf deutschem Boden vorbereiteten und heben halfen.« (Burckhardt ebd.:114) In vorwiegend zoologisch orientierten popularisierenden Schriften und Zeitschriftenbeiträgen sowie gelegentlich häufiger Vortragsreisen durch Deutschland, Österreich, Holland, Belgien und die Schweiz (1867–1870) verfolgte Vogt vorrangig vier Bildungsziele: 1. Die

4 »Natürliche Geschichte der Schöpfung des Weltalls, der Erde und der auf der ihr befindlichen Organismen, begründet auf die durch die Wissenschaft errungenen Thatsachen.« Braunschweig 1850

Einsicht, daß sich die Spezika aller Lebensformen ohne den Glauben an übernatürliche Wunder deuten ließen und ausschließlich natürlichen Ursprungs seien. 2. Das Verständnis, daß zwischen der anatomisch-physiologischen Organisation und den Lebensverrichtungen der einzelnen Spezies ein kausaler Zusammenhang bestünde. 3. Die Einsicht, daß das Studium höherer organischer Organisationsstufen aus der Kenntnis der niederen betrieben werden müsse. 4. Die Erkenntnis, daß die Lebensäußerungen des Menschen und der Tiere sich lediglich durch graduelle und nicht durch prinzipielle Differenzen unterscheiden würden. Vogt war ein überzeugter Gegner des Vitalismus. Für die reduktionistische Deutung des sozialen Lebens bei einer Reihe von Naturforschern des 19. Jahrhunderts (cf. z.B. Haeckel 1869b) ist sein Vergleich Staaten bildender Arten, z.B. Siphonophoren (Staatsquallen), mit dem Menschen charakteristisch. In den *Untersuchungen über Thierstaaten* (1851) verkürzt Vogt die komplexen sozialen Gebilde des Menschen auf das Organisationsniveau niederer Tierstämme, deren Organisationsweisen den menschlichen Staatsformen im Prinzip überlegen seien. Zu Vogts wichtigsten geologischen und zoologischen Werken (cf. Taschenberg 1920) zählen ferner das *Lehrbuch der Geologie und Petrefactenkunde* sowie die Monographie *Mémoire sur les siphonophores de la mer de Nice* (1853). Stellvertretend für Vogts zahlreiche Kompendien seien der *Atlas der Zoologie* (1875) und das zusammen mit Emil Young – seinem Genfer Assistenten – verfaßte *Lehrbuch der praktischen vergleichenden Anatomie* 2. Lief. (1895) genannt. Die anthropologischen Arbeiten Vogts gliedern sich zum einen in seine Abhandlungen über den Atavismus, den er am Beispiel der Mikrokephalie studierte (Vogt 1868a, 1868b, 1870), zum anderen in die Schriften über die Abstammung des Menschen (Vogt 1863) und schließlich in seine Studien über den prähistorischen Menschen (Vogt 1866, 1869).[5] Einen weiteren Forschungsschwerpunkt Carl Vogts bildeten die tierischen Parasiten, u. a. die Eingeweidewürmer, die wegen ihrer schmarotzenden Lebensweise, ihrer eigentümlichen Organisation und späterhin ihrem Gewicht für den Aussagewert der Deszendenztheorie Darwins das Interesse dieses vielseitigen Naturfor-

5 vgl. Vogt an Moleschott, 8.12.1865, Nr. 13

schers erregten. (z.B. Vogt 1848 Bd. 1:289–295, 1850, 1874, 1878) Wie Vogt in *Ocean und Mittelmeer* (1848) zu verstehen gibt, bilden »die Eingeweidewürmer einen der Angelpunkte unserer Wissenschaft«, wobei »an die Enthüllung ihrer so dunkeln Geschichte sich die Lösung einiger wesentlichen principiellen Fragen knüpft, von welchen die Zoologie der niedern Thiere eine wahre Umgestaltung erwartet. Wie erzeugen sich diese Wesen, deren Existenz an diejenige des Individuums geknüpft erscheint, auf dessen Kosten sie schmarotzen? Wie kommen sie in diese Organismen, in deren Innerem sie leben? Und wie pflanzen sie ihre Art fort unter so vielen Hemmnissen, welche die Natur ihnen in den Weg gelegt hat?« (Vogt 1848 Bd. 1:290 f.) Vogts wissenschaftshistorischem Verständnis gemäß waren »Die Eingeweidewürmer ... der letzte Anker Derjenigen, welche eine noch fortdauernde Schöpfung thierischer Organismen behaupteten«, zumal die »merkwürdigen Metamorphosen« der Eingeweidewürmer mit ihrem typischen Wirtswechsel »während ihrer Entwicklungsperiode, die noch merkwürdiger scheinen, als diejenigen der Insecten oder ähnlicher Thiere«, (Vogt 1848 Bd. 1:292) erst der zoologischen Forschung der Jahrhundertmitte näher bekannt war.

Unter Vogts populärwissenschaftlichen Büchern kommt neben den *Vorlesungen über den Menschen* (1863) den *Physiologischen Briefen für Gebildete aller Stände* (1847) besondere Bedeutung zu. Letztere werden als ein Hauptwerk des naturwissenschaftlichen Materialismus gedeutet und knüpften an den physiologischen Materialismus der französischen Ärzte und Philosophen Julien Offray de La Mettrie (1709–1751) und Pierre Jean Georges Cabanis (1757–1808) an. Sie erregten wegen Vogts analogischen Vergleichs des menschlichen Bewußtseins mit Organausscheidungen um die Jahrhundertmitte beträchtliches Aufsehen. Das Buch hat Vogts Ruf als grobschlächtig popularisierenden Naturforscher nachhaltig zementiert und die polemische Auseinandersetzung mit seiner Person und seinem Werk entscheidend bestimmt. Im zwölften Brief »Nervenkraft und Seelentätigkeit« behauptete Vogt, daß »Ein jeder Naturforscher ... wohl ... bei einigermaßen folgerechtem Denken auf die Ansicht kommen« wird, »daß alle jene Fähigkeiten, die wir unter dem Namen der Seelentätigkeiten begreifen, nur Funktionen der Gehirnsubstanz sind; oder, um mich einigermaßen grob hier auszudrücken, daß die Gedanken in demselben Verhältnis etwa zu dem Gehirne stehen wie die Galle zu der Leber oder der Urin zu den Nieren.« (Wittich Bd. 1:17 f.) Mit dieser Analogie wollte Vogt seine Überzeugung von der materiellen Bedingtheit des Bewußtseins durch ein entsprechendes Bewußtseinsorgan veranschaulichen. Er erachtete einen Organismus für nicht lebensfähig, falls die Existenz einer unabhängig von ihm existierenden Seele eingeräumt werden sollte, die auf spirituelle Weise dessen Funktionen einseitig beherrscht:

»Eine Seele anzunehmen, die sich des Gehirnes wie eines Instrumentes bedient, mit dem sie arbeiten kann, wie es ihr gefällt, ist ein reiner Unsinn; man müßte dann gezwungen sein, auch eine besondere Seele für jede Funktion des Körpers anzunehmen und käme so vor lauter körperlosen Seelen, die über die einzelnen Teile regierten, zu keiner Anschauung des Gesamtlebens.« (Wittich Bd. 1:18)

Die materialistische Deutung des Leib-Seele-Problems in Vogts Opus gab den entscheidenden Anstoß zu einer jahrelangen Polemik zwischen Vogt und einer Reihe konservativer bibeltreuer Physiologen, die als »Materialismusstreit« in die Kulturgeschichte des 19. Jahrhunderts einging. Die maßgebenden Kontrahenten dieser akademischen Kontroverse, die »sich alsbald zum Prinzipienstreit über den Geltungsbereich der Naturwissenschaften und deren Beziehung zur Philosophie und Weltanschauung« (Feuerbach 1996:440) ausweitete, waren der »naturwissenschaftlich-deterministische argumentierende Zoologe« Vogt und der Göttinger Physiologe Rudolph Wagner (1805–1864) »als Anhänger einer religiösen Abstammungslehre.« (Feuerbach 1996:ib.) Der »Materialismusstreit« war zudem für den Verlauf der 31. Versammlung der Gesellschaft Deutscher Naturforscher und Ärzte in Göttingen[6] (1854) maßgebend. Laut Vogts gegen Wagner gerichteten »Streitschrift« *Köhlerglaube und Wissenschaft* (1856) bezogen sich »die wissenschaftlichen Differenzen« zwischen Wagner und ihm auf die Frage nach der »Abstammung des Menschen von einem Paare«

6 vgl. hierzu Heinz Degen: *Vor hundert Jahren: Die Naturforscherversammlung zu Göttingen und der Materialismusstreit.* in: Naturwissenschaftliche Rundschau 7 (1954), S. 271–277.

sowie »die Existenz einer eigentümlichen individuellen unsterblichen Seele.« (Wittich Bd. 2:566) Offensichtlich gaben die *Physiologischen Briefe* Carl Vogts für Engels den Anstoß, den naturwissenschaftlichen Materialismus der nachachtundvierziger Jahre in seiner Gesamtheit als »vulgären Reiseprediger-Materialismus« (Engels 1971:33) zu diskreditieren. Den populärwissenschaftlichen »Reisebriefen« *Ocean und Mittelmeer* (1848) folgen neben den *Untersuchungen über Thierstaaten* (1851) die *Bilder aus dem Thierleben* (1852). Abschließend soll das illustrierte Tierbuch *Die Säugetiere in Wort und Bild* (1883) Erwähnung finden, das jedoch wegen der Konkurrenz von Alfred Brehms »Tierleben« (1876–1879) keinen publizistischen Erfolg hatte.

Neben seiner interdisziplinären Forschungstätigkeit und volksbildnerischen Aktivität engagierte sich der vielseitige Gelehrte für die Belange der Wissenschaftsorganisation, die in der Korrespondenz mit Moleschott und Haeckel breiten Raum einnimmt. Angesichts der vielen Fragen, die von der geographischen, geologischen und physikalischen Beschaffenheit der Meere sowie der marinen Tier- und Pflanzenwelt aufgeworfen werden, wurde ihm schon früh bewußt, daß diese nicht aus dem engen Blickwinkel eines einzelnen Fachs sondern nur in gemeinschaftlicher Kooperation von Zoologen, Botanikern, Physiologen, Anatomen, Chemikern und Physikern (cf. Vogt 1848 Bd. 1:23) lösbar sind. Vogt war ein Pionier der Meeresbiologie. Er hat an der Gründung der deutschen Zoologischen Station in Neapel (1873) maßgebenden Anteil. Als Nationalrat in seiner Wahlheimat Genf wirkte er an der Umwandlung der Akademie in die Genfer Universität (1873) mit und war deren erster Rektor.[7] Vogt war ein talentierter Landschaftsmaler. Wegen seines Interesses an der zeitgenössischen Malerei verkehrte er mit zahlreichen Künstlern.[8]

7 vgl. Pilet 1976:57; Vogt an Haeckel, 30.4.1870, Nr. 29; Vogt an Haeckel, 4.6.1870, Nr. 30

8 vgl. Vogt an Haeckel, 4.6.1870, Nr. 30

1.3. Jacob Moleschott (1822–1893) – Leben und Werk

Jacob Moleschott wurde am 9. August 1822 als Sohn des Arztes Johannes Franciscus Gabriel Moleschott (1793–1857) und seiner Frau Elisabeth Antonia Moleschott, geb. van der Monde, in s' Hertogenbosch (Niederlande) geboren. Der Vater, ein »Freidenker«, förderte frühzeitig die philosophischen und literarischen Interessen des Sohnes. Die väterliche Arztpraxis motivierte den jungen Moleschott zum Studium der Medizin, das er 1842 nach dem Besuch des Gymnasiums im deutschen Kleve in Heidelberg aufnahm. Zu seinen Lehrern zählen der Anatom Friedrich Tiedemann (1781–1861), der Chemiker Leopold Gmelin (1788–1853), der Physiologe und Anatom Theodor Ludwig Wilhelm Bischoff sowie der Anatom, Physiologe und Pathologe Friedrich Gustav Jakob Henle (1809–1885). Letzterer machte Moleschott mit dem Gebrauch des Mikroskops vertraut. 1845 wurde Moleschott mit der anatomisch-physiologischen Schrift *De Malphighianis pulmonum vesticulis* promoviert. Nach kurzer Zeit als niedergelassener Arzt in Utrecht kehrte Moleschott 1847 nach Heidelberg zurück und wurde nach seiner Habilitation für Physiologie und Anatomie zum Privatdozenten der Physiologie und Anthropologie ernannt. 1849 heiratete Moleschott Sophie Strecker, die einer angesehenen Mainzer Familie entstammte. Aus der Ehe gingen zwei Söhne und zwei Töchter hervor. Moleschotts Heidelberger Jahre waren für seine geistige Entwicklung und wissenschaftlichen Werdegang wegweisend. Moleschott wollte ursprünglich in Berlin studieren, weil er »dort Hegel in der Luft zu finden hoffte …« (Moleschott 1894:78) Auf Anraten des Vaters wählte Moleschott mit der Universität Heidelberg einen kleineren Studienort, wo er bei dem Gelehrten Moritz Carriere (1817–1885) Hegelsche Philosophie studieren wollte. In seiner Autobiographie *Für meine Freunde. Lebens-Erinnerungen* (1894) denkt er an die mühsame Lektüre der »Phänomenologie des Geistes« und »das erquicklichere« Studium von »*Hegel's* Geschichte der Philosophie und seiner Aesthetik« (Moleschott 1894:84) zurück. Infolge der Hegelstudien, die Moleschott als Ergänzung des Medizinstudiums betrieb, geriet er in den Sog der zeitgenössischen junghegelianischen Bewegung. In den von Arnold Ruge (1802–1880) und Ernst Theodor Echtermeyer (1805–1844) herausgegebenen »Deutschen Jahrbüchern für Wissenschaft und Kunst« (1843ff.) las er die Frühschriften David Friedrich Strauß' (1808–1874) und Friedrich Theodor Vischers (1807–1887). Während einer Ferienreise im Sommer 1842 lernte Moleschott Strauß in Sontheim und Vischer in Tübingen persönlich kennen.

Gemäß den Auffassungen Moleschotts, Büchners (1855) und Haeckels (1866) habe die Naturforschung die besondere Aufgabe, »sich mit Hilfe der sicher ermittelten Thatsachen zum allgemeinen Begriff zu erheben.« Nur dann »verdiene« »die denkende Naturbetrachtung, das Einzelne zu erschöpfen ...« (Moleschott 1894:102) Moleschott war der Überzeugung, daß das entwicklungsgeschichtliche Denken der modernen Zoologie erst durch den spekulativen Begriff der Entwicklung in der Philosophie Schellings (1775–1854) und Hegels (1770–1831) ermöglicht wurde. Selbst »die Lehren *Darwin's* ...« seien »Früchte vom Baum der Erkenntniß, den *Oken* ...« als Vollender des »*Schelling-Hegel*'schen Begriffs der Entwicklung« »trotz der Ungunst der Umstände gepflegt hat.« (Moleschott 1894:102) Moleschotts sicheres Gespür für die Dialektik von Allgemeinem und Besonderem bei der Deutung der Naturerscheinungen einerseits und sein Bekenntnis zu Hegel, Schelling und Oken (1779–1851) andererseits widerlegt das Klischee dieses Gelehrten als Vertreter eines banalen, den Entwicklungsgedanken ignorierenden »Vulgärmaterialismus«, der sich in einseitiger Weise den Ergebnissen der Spezialforschung verpflichtet fühlte.

Zu den prägenden Beziehungen aus den Heidelberger Jahren rechnen Moleschotts langjährige Freundschaft mit Hermann Hettner (1821–1882), dem damaligen Heidelberger Privatdozenten für Kunst und Philosophie,[9] sowie das freundschaftliche Verhältnis zu dem Philosophen Ludwig Feuerbach (1804–1872). Mit Hettner und Gottfried Keller (1819–1890) besuchte er die öffentlichen »Vorlesungen über das Wesen der Religion«, die Feuerbach vom Dezember 1848 bis zum 2. März 1849 im Heidelberger Rathaussaal vor einem großen und begeisterten Auditorium hielt. »Unter Feuerbachs zahlreichen Hörern« war Moleschott der »einzige, ... für den sich dieser sogleich interessierte.« Moleschott und Feuerbach führten über bald zwanzig

9 vgl. Moleschott an Haeckel, 23.10.1882, Nr. 33

Jahre einen »ausgedehnten und freundschaftlichen Briefwechsel«, (cf. Feuerbach 1993, 1996) wobei der naturwissenschaftlich interessierte Philosoph den jungen Physiologen als »seinen wissenschaftlichen Gewährsmann« betrachtete. (de Pascale/Savorelli 1988:48) In seinem Schreiben vom 11.11.1850 an Feuerbach äußerte sich Moleschott emphatisch über den sittlichen und pädagogischen Wert der Naturforschung, die auch eine ästhetische Dimension besäße, und zog eine Parallele zwischen »Kunstwerk« und »Naturerscheinung«:

»Die Naturwissenschaft umfaßt für uns auch die Ästhetik. Das wahre Kunstwerk gehorcht denselben Gesetzen innerer Naturnotwendigkeit wie jede Naturerscheinung. Darum enthält auch unsere Naturwissenschaft die höchste und reinste Moral. Sie schafft nicht nur den freien, den sittlichen, sie schafft auch den schönen Menschen. Ihre Frucht ist die vollendete ... sittliche Schönheit.« (Feuerbach 1993:251)

Moleschotts Gedankengang geht dem des Zoologen Karl Möbius (1825–1908) voraus, der in breit angelegten tierästhetischen Studien das »Gesetzliche ... als Grundlage des Schönen in der Natur und Kunst« (Möbius 1905:323) begriff. Im Rahmen seiner Heidelberger Lehrverpflichtungen las Moleschott über Experimentalphysiologie, Organologie und Anthropologie. Die aufschlußreiche Programmatik der Anthropologievorlesung, die auf eine Synthese zwischen der neueren Medizin, Pharmazie und Naturwissenschaft mit dem anthropologischen Denken Feuerbachs zielte, hat Moleschott in seiner Autobiographie ausführlich dargelegt:

»Man erräth leicht, daß diese Vorlesungen über Menschenkunde keine Erholung waren, sondern ... ehrliche und ernste ... Arbeit erforderten. Ich gab mich ihr mit opferwilligem Eifer hin, denn die Anthropologie in diesem Sinne, deren Keim mein Vater in mir erweckt, der Ludwig Feuerbach das Ziel gesteckt, galt und gilt mir als die Aufgabe meines ganzen Lebens. ... Also nicht »Philosophie, Juristerei und Medicin, und leider auch Theologie«, sondern Menschenkunde ... nach allen Seiten, ohne Theologie und Teleologie, ohne Gotteswahn und Zweckmäßigkeitslehre, aber ... mit der Religion, die den Menschen als ein abhängiges, naturbedingtes Wesen betrachtet, das die Aufgabe als Pflicht erfaßt hat, seine Naturbedingtheit immer mehr zu der Kulturbedingtheit zu erheben, die ihm mit der Bewunderung der

Natur den Trieb und die Kunst, sie zu beherrschen, einflößt.« (Moleschott 1894: 251)

Zwischen 1850 und 1852 erschienen mit der *Physiologie der Nahrungsmittel* (1850), der *Lehre der Nahrungsmittel. Für das Volk* (1850), der *Physiologie des Stoffwechsels in Pflanzen und Tieren* (1851) sowie dem *Kreislauf des Lebens. Physiologische Antworten auf Liebigs Chemische Briefe* (1852) Moleschotts entscheidende physiologische und volkstümliche Schriften. Mit der *Lehre der Nahrungsmittel*, seinem populärwissenschaftlichen Frühwerk, beabsichtigte Moleschott, »das Volk über seine Ernährung aufzuklären« (Moleschott 1894:205) und die Naturbedingtheit wie die Kulturbedingtheit des Menschen (cf. Moleschott 1894:207) zu veranschaulichen. In einer Rezension beurteilte Feuerbach Moleschotts Werk über »die Resultate der modernen Chemie über die Nahrungsmittel ...« als eine »im höchsten Grade Kopf und Herz aufregende, ... sowohl in philosophischer, als ethischer und selbst politischer Beziehung höchst wichtige, ja revolutionäre Schrift« und faßte sie in dem Satz zusammen: »Der Mensch ist, was er ißt.« (Feuerbach 1850:1074) Der in den Naturwissenschaften nicht vorgebildete Feuerbach hatte, wie er Moleschott in seinem Brief vom 12.10.1850 gestand, bei der Aneignung dieser Schrift wegen ihres physiologischen und chemischen Gehalts große Mühe. (Feuerbach 1993:244) Wie Vogt in den *Physiologischen Briefen für Gebildete aller Stände* (1847) konzentrierte Moleschott das Phänomen des Denkens in der *Lehre der Nahrungsmittel* auf sein stoffliches Substrat und bearbeitete somit ein »Lieblingsthema des Materialismus der fünfziger Jahre.« (Schmidt in Lange ebd.:XII) Aus der Erkenntnis, daß das »Gehirn ... ohne phosphorhaltiges Fett nicht bestehen ...« könne und »an das ... Fett ... die Entstehung, folglich auch die Thätigkeit des Hirnes geknüpft ...« sei, schloß dieser Naturforscher, daß »ohne Phosphor kein Gedanke« (Moleschott 1850:115 f.) hervorgebracht werden könne. Justus von Liebig, der angesehene Chemiker, griff Moleschott daraufhin persönlich an und bemerkte, »daß die Behauptungen einer physiologisch-stofflichen Bedingtheit des Denkens« (Wittich Bd. 1:XXV) »in der Regel von Dilettanten in der Naturwissenschaft ausgehen und auf oberflächlichen Anschauungen ohne den geringsten wissenschaftlichen Grund beruhen.« (Liebig 1851:552 f.) Aus Liebigs

Angriff ging mit dem *Kreislauf des Lebens* Moleschotts bekanntestes Werk hervor. Es erschien unter Berücksichtigung des wissenschaftlichen Erkenntnisfortschrittes zuletzt in einer zwei bändigen fünften Auflage (1878–1887) und 1866 in französischer Übersetzung.[10] Noch zur Jahrhundertwende betrachtete Wilhelm Bölsche Moleschotts »prächtiges Buch« »in der endgültigen Gestalt (5. Aufl. 1887, der Hrsg.) ... als das eigentliche Quellenwerk für die Beziehungen der Naturforschung zur materialistischen Philosophie im 19. Jahrhundert.« (Bölsche 1901:20) Im *Kreislauf des Lebens* bekannte sich Moleschott zur Unvereinbarkeit von »Offenbarung und Naturgesetz«. Seine Forderung nach Verbrennung »unserer Todten ... » zur Bereicherung » der Luft ... mit Kohlensäure und Ammoniak« und zur Verwandlung »unserer Heiden in fruchtbare Fluren ...« (Moleschott 1852:445) mußte als ungeheuerliche Provokation empfunden werden. Der konservative engere Senat der Universität Heidelberg erteilte wegen des unverhohlen atheistischen und materialistischen Charakters dieser Schrift im Jahre 1854 Moleschott eine »ernste Verwarnung«. Seinc »unsittlichen und frivolen« Lehren seien »geeignet, die Jugend durch Wort und Schrift zu verderben.« (Grützner 1906:436) Moleschott beantwortete diesen offiziellen Verweis mit der sofortigen Niederlegung seines Heidelberger Amtes. 1856–1861 war Moleschott Professor für Physiologie an der Universität Zürich. Moleschotts Berufung nach Zürich war wegen seines Materialismus heftig umstritten. Sie wurde schließlich von dem Zürcher Erziehungsdirektor Alfred Escher gegen den Widerstand des Erziehungsrates und der medizinischen Fakultät durchgesetzt. Ausschlaggebend für die Wahl Moleschotts, der nach der Berufung des Physiologen Karl Ludwig (1816–1895) nach Wien mit Emil du Bois-Reymond (1818–1896) um die vakante Professur konkurrierte, war ein Schreiben Rudolf Virchows (1821–1902) an Escher, in dem sich der angesehene Gelehrte für Moleschott verwandte:

»Es ist sicher, dass man in Moleschott hauptsächlich einen Vorposten der freien Richtung bekämpft. In dieser Beziehung habe ich die grösste Sympathie für ihn, obwohl ich die Ausdehnung seiner Schlüsse

10 vgl. Moleschott an Büchner, 26.6.1855, Nr. 20; Haeckel an Moleschott, 8.2.1887, Nr. 36

nicht anerkenne und gewisse transcendentale Ausschweifungen seiner Theorie geradezu bekämpfe.« (Moser 1967:22)

Virchow vertrat den Standpunkt, daß »Moleschott's Stellungnahme ... aber in Grunde die jedes modernen Naturforschers« sei. »Du Bois Reymond's Arbeiten hätten zwar streng wissenschaftlichen Charakter, aber er sei als Spezialist am ehesten für eine Akademie geeignet. Moleschott's Ruf komme mehr von populären Schriften; er sei aber nicht nur Sammler und Schriftsteller, sondern ein ganz ernsthafter Untersucher, der seine Fragen mit Bewusstsein stelle. Er passe besser als Du Bois an eine Universität, wo ein Lehrer der Physiologie nicht Spezialist sein dürfe. Sein Unterricht gestalte sich um so fruchtbarer, als er die ganze Wissenschaft beherrsche.« (Moser ebd.:ib.) Auch Rudolf Albert von Koelliker (1817–1905) setzte sich für Moleschott ein »und versicherte, dass Moleschott's Ruf schlechter sei, als ihm zukomme. Er sei weit davon entfernt, die Jugend in einer Weise zum Materialismus bekehren zu wollen, wie dies Karl Vogt tun würde.« (Moser ebd.:ib.) Moleschotts Zürcher Antrittsvorlesung behandelte das Thema »Licht und Leben«. In der Schweiz erforschte Moleschott mit Hilfe seines Schülers Robert Nauwerk und seines Doktoranden Eugen Hufschmidt[11] die glatten Muskeln, das Nervensystem des Herzens (Vagus und Herzschlag) sowie die Atmungsorgane und widmete sich daneben Fragen der Embryologie. (cf. Hagelgans 1985:15) 1857 begründete er die Zeitschrift *Untersuchungen zur Naturlehre des Menschen und der Thiere* (1857–1892), in der er eine Reihe seiner physiologischen Forschungsergebnisse veröffentlichte. Auf Vermittlung seines Freundes Francesco De Sanctis (1817–1883), dem Professor der italienischen Literatur am Zürcher Polytechnikum, begab sich Moleschott 1861 nach Turin, wo er bis 1879 als Professor für experimentelle Physiologie und physiologische Chemie wirkte. Moleschotts Berufung nach Turin sollte »zu der geistigen und wissenschaftlichen Erneuerung Italiens mitbeitragen, die De Sanctis nach der Einigung herbeizuführen hoffte.« (de Pascale/Savorelli ebd.:73) Bereits 1866 erhielt Moleschott die italienische Staatsbürgerschaft und wurde in die Kommission für Hochschulfragen aufgenommen. Wegen »zahlreicher Verdien-

11 vgl. Vogt an Moleschott, 10.12.1862, Nr. 12

ste« wurde er 1876 von König Viktor Emanuel II. (1849–1878) zum Senator des italienischen Königreiches ernannt. (cf. Hagelgans ebd.:16) Von 1879 bis zu seinem Tode am 20. Mai 1893 war Moleschott Professor für Physiologie an der Universität La Sapienza in Rom. In der Hauptstadt Italiens ging Moleschott neben universitären Aufgaben zahlreichen politischen und kulturellen Verpflichtungen nach und engagierte sich für die Belange der italienischen Freidenker.[12] Die Feierlichkeiten anläßlich seines 70. Geburtstages, die Moleschott eingedenk des 31. Jahrestages seiner ersten Vorlesung in Turin auf den 16. Dezember 1892 verschob, demonstrieren das hohe Ansehen, das sich der holländische Physiologe bei seinen Kollegen und in Italien erworben hatte. In Anwesenheit des italienischen Bildungsministers, des Präsidenten der italienischen Abgeordnetenkammer, des Präfekten von Rom, des Rektors der römischen Universität und zahlreicher in- und ausländischer Ehrengäste wurde im großen Saal der römischen Universität eine Büste Moleschotts enthüllt. Die italienische Regierung verlieh ihm das Zivildienstkreuz. Moleschott empfing Grußadressen ausländischer Universitäten und Akademien sowie die Glückwünsche bedeutender Gelehrter und Kollegen. Ihm gratulierten u. a. Emil du Bois-Reymond, Ernst Haeckel, Hermann von Helmholtz (1821–1894), Ernst Viktor von Leyden (1832–1910), Louis Pasteur (1822–1895) und Ernest Renan (1823–1892). (cf. Moser ebd.:27) Bereits seit den 1850er Jahren arbeitete Moleschott an der »ausführlichen Darstellung« der »Anthropologie[13], seiner »opera summa«, die, wie die Recherche Carla de Pascales und Alessandro Savorellis im Bologneser Nachlaß Moleschotts ergab, »nicht über ihr Anfangsstadium hinaus gediehen ist.« (de Pascale/Savorelli ebd.:46) Moleschott widmete sich vornehmlich der Erforschung des Stoffwechsels der Pflanzen und der Tiere und der Bedeutung des Lichts bei ihrer Ernährung. Er gilt als der Begründer der physiologischen Chemie und der chemisch-physikalischen Physiologie.

12 vgl. Moleschott an Haeckel, 12. 8. 1885, 2. 1. 1886, 11. 7. 1889, Nr. 34–35, 38
13 vgl. Moleschott an Volger, 23. 4. 1857, FDH

1.4. Ludwig Büchner (1824–1899) – Leben und Werk

Ludwig Büchner wurde am 29. März 1824 als vierter Sohn des großherzoglichen Physikarztes und Obermedizinalrates Ernst Büchner (1786–1861) und seiner Frau Sybille Caroline Büchner, geb. Reuß (1791–1858), in Darmstadt geboren. Büchners Vater war ein napoleonisch gesonnener Militärarzt. Seine Mutter entstammte einer hochgestellten Darmstädter Beamtenfamilie. Zu Büchners Geschwistern zählen der im Schweizer Exil verstorbene revolutionäre Dramatiker und Mediziner Georg Büchner, der Chemiker, Fabrikant, Reichs- und Landtagsabgeordnete Wilhelm Büchner (1816–1892), der Jurist und Literaturwissenschaftler Alexander Büchner (1827–1904) sowie die Schriftstellerin und Frauenrechtlerin Luise Büchner (1821–1877). Ausgeprägten literarischen Neigungen zum Trotz nahm Büchner 1843 das Studium der Medizin in Gießen auf. Nach einem einjährigen Auslandsaufenthalt in Straßburg kehrte er 1844 nach Gießen zurück und setzte das Medizinstudium fort. Er gehörte zu den führenden Köpfen der fortschrittlichen Studentenbewegung »Alemania«, die für die Beseitigung der Privilegien der Akademiker und Studenten sowie für die Freiheit der Lehre eintrat. (cf. Lee 1976:32) Büchner gehörte der bewaffneten Gießener Bürgerwehr an und wurde Kommandant der »Wallthorrotte«. Er pflegte freundschaftlichen Umgang mit dem Republikaner Carl Vogt, der seit 1847 als Professor der Zoologie an der Gießener Universität lehrte, und setzte sich für die Wahl Vogts in das Frankfurter Vorparlament ein. Bereits zu diesem Zeitpunkt verschrieb sich Büchner dem Journalismus. Er berichtete für das Gießener Volksblatt »Der jüngste Tag« über die Sitzungen des Vorparlaments. Nach einem glänzenden Staatsexamen schloß Büchner 1848 sein Studium mit der Schrift *Beiträge zur Hall'schen Lehre von einem excito-motorischen Nerven-System* ab und wurde Mitarbeiter in der väterlichen Darmstädter Arztpraxis. Als anerkannter Fachmann der Gerichtsmedizin wurde Büchner 1852 von der medizinischen Fakultät zum Assistenzarzt an die Tübinger Universitätsklinik berufen und lehrte als Privatdozent der inneren und gerichtlichen Medizin an der dortigen

Universität. Wegen seiner mißliebigen »freien Richtung«[14] und des Publikumserfolges seiner mittlerweile in dritter Auflage erschienenen »empirisch-naturphilosophischen Studie« *Kraft und Stoff* (1. Aufl., 1855) wurde Büchner 1856 auf Betreiben des Senats der Tübinger Universität die Lehrberechtigung entzogen. Er erlitt somit ein ähnliches Schicksal wie Moleschott. Aus Erwerbsgründen kehrte Büchner noch im gleichen Jahr in die Darmstädter Praxis zurück. Fortan betätigte er sich auch auf den publizistischen Feldern des »Wissenschaftsjournalismus und weltanschaulichen Essayismus« (Böhme 1986:257). Das Spektrum seiner über 30 Bücher[15], die häufig Rezensionen und Vorträge versammelten, umfaßt im wesentlichen »popularisierende Darstellungen naturwissenschaftlicher Entwicklungen, teils engagierte Ausführungen über deren weltanschauliche Konsequenzen.«[16] (Böhme ebd.:257f.) In seinen Schriften trat der »Freidenker« Büchner für die Verbreitung eines Weltbildes ein, das von den Prinzipien der Vernunft, des Fortschritts der Wissenschaften und der Humanität geleitet war und den Menschen von den Fesseln der Unwissenheit und des religiösen Aberglaubens zu emanzipieren suchte. Büchner pflichtete Ludwig Feuerbach darin bei, daß »der Mensch *an und in sich selbst*« »Den Maßstab, das *Kriterium* der *Gottheit* und eben deswegen den *Ursprung der Götter*« (Feuerbach 1851:32) habe. In seinem Werk *Die Stellung des Menschen in der Natur* (1869) behauptet er gemäß der Religionskritik Feuerbachs, daß

»Der zukünftige Mensch … Gott nicht mehr vermissen« werde, »wenn er nicht mehr in dem längst überwundenen und nur von unse-

14 Büchner an Volger, 27.1.1881, FDH

15 u.a. (1855): Kraft und Stoff. Empirisch-naturphilosophische Studien. Frankfurt a.M.; (1869): Die Stellung des Menschen in der Natur in Vergangenheit, Gegenwart und Zukunft. Oder: Woher kommen wir? Wer sind wir? Wohin gehen wir? Leipzig; (1861–1875): Physiologische Bilder. 2 Bde. Leipzig; (1890): Fremdes und Eigenes aus dem geistigen Leben der Gegenwart. Leipzig; (1894): Darwinismus und Sozialismus. Leipzig; (1900): Im Dienste der Wahrheit. Ausgewählte Aufsätze aus Natur und Wissenschaft. Gießen

16 vgl. z.B. Büchners Aufsätze *Der Gottesbegriff und seine Bedeutung für die Gegenwart* (1856); *Materialismus, Idealismus und Realismus* (1860); *Wille und Naturgesetz* (1860); *Die Wissenschaften und die Philosophie* (1871); *Der Gorilla* (1861) in Büchner 1874

rer eignen Person abstrahirten Glauben an denselben erzogen wird; er wird sich im Gegentheile weit glücklicher und zufriedener fühlen, wenn er nicht auf jedem Schritte seiner geistigen Voran-Entwickung mit jenen quälenden Widersprüchen zwischen Wissen und Glauben zu kämpfen hat, welche seine Jugend beängstigen und sein Mannesalter unnöthigerweise mit dem langsamen Abthun der in der Jugend eingesogenen Vorstellungen beschäftigen. Was man Gott opfert, entzieht man dem Menschen und absorbirt einen großen Theil seiner besten geistigen Kräfte in Verfolgung eines unerreichbaren Zieles. ... Der *persönliche Gott* ist ein Anthropomorphismus oder ein von unserm eignen Wesen abstahirtes und nach demselben gebildetes Gedankending; der *unpersönliche* hingegen ein *logisches* Unding.« (Büchner 1869:334)

In der 8. Auflage von *Kraft und Stoff* (1864) postulierte Büchner, daß selbst die Religion nach ihrer Läuterung von den anthropomorphen Gottesvorstellungen »eine höhere Weihe und Durchgeistigung ... erfahren« werde, »indem der Gedanke einer obersten oder höchsten Weltregierung nicht mehr in der bisherigen Form einer persönlichen ... Macht, sondern nur noch als das oberste Gesetz selbst, aus dem alle Erscheinungen auf eine uns unerkennbare Weise fließen, aufgefaßt werden kann.« (Büchner 1864:196) Büchner erlag dem Trugschluß, allein mit dem Werben für die wissenschaftlich explorierte »Wahrheit« und ihrer »positiven« Aufnahme in dem Bewußtsein breiter Volksmassen das christliche Gottesbekenntnis und letztlich individuelle religiöse Bedürfnisse überhaupt verdrängen zu können; ein Irrtum, den er in seinen letzten Lebensjahren erahnte.[17] Büchners stetiger publizistischer Aktionismus rührte aus seiner »tiefen Verzweiflung über die politischen Zustände« der nachachtundvierziger Jahre, in der er »seinen Eifer für die Revolution in Kampfgeist gegen die Weltanschauung und Ideologie der Reaktion« (Lee ebd.:39) verwandelte. Der Büchner-Forscher Samuel Lee betont mit Recht, daß sich Büchners »eifrige und schwärmerische Kampftätigkeit gegen die christliche Staatsreligion und idealistische Philosophie und seine Bemühung um die materialistische Weltanschauung und die freigeistige Erziehung ... nur in diesem Zusammenhang richtig verstehen« (Lee ebd.:ib.) ließe.

17 vgl. Büchner an Haeckel, 23.12.1892, Nr. 56

Büchners erfolgreichste Schrift war *Kraft und Stoff*. Sie erschien 1904 in der 21. Auflage und wurde in 14 Sprachen übersetzt. Alexander Büchner hat die Ausgangsbedingungen für den durchschlagenden Erfolg des Hauptwerkes seines Bruders auf dem Hintergrund der nachachtundvierziger Jahre treffend skizziert:

»Nur wenige Überlebende vermögen sich jener Zeit der dumpfen Versunkenheit und klaglosen Verzweiflung zu erinnern, welche der Niederlage aller nationalen und einheitlichen Anläufe aus den 48. und 49. Jahren folgte. Und um damals seine Stimme in Sinne der freien Forschungen zu erheben, mußte man einen ehernen Mut, *robur et aes triplex circa pectus* haben. Was wußte denn das große Publikum von den erst entstehenden Errungenschaften der Naturwissenschaft? Die große Masse lebte in ihrem stumpfen Autoritäts- und Bibelglauben dahin. Von Stoffwechsel, Übertragungen der physischen Kräfte von einem Körper auf den andern, von vergleichender Anatomie und Anthropologie, von fossilen Entdeckungen des Urmenschen und der Urtiere wußte man nichts oder wollte nichts davon wissen, da solches in offenbarem Widerspruch mit dem so bequemen Inhalt der Bibel stand, deren naive Schöpfungsgeschichte keinem Hohlkopf Nachdenken erregte. In diese Froschpfütze nun fiel der Balken *Kraft und Stoff* plötzlich mitten hinein. Was Wunder, wenn ein allgemeines Gequake entstand?« (Büchner 1900:XXVIf.)

Büchner erhebt den Anspruch, im Gegensatz zu Vogt und Moleschott, deren weltanschauliche Schlüsse sich lediglich auf partikuläre zoologische oder physiologische Sachverhalte stützen würden, in seinem Hauptwerk »gewissermaßen als Ordner und Richter aufzutreten und durch Wieder-Einführung einer philosophischen Betrachtungsweise in die Naturwissenschaften zu großen und eingehenden Resultaten zu gelangen.« (Büchner 1874a:467) In dem Aufsatz *Kraft und Stoff. Eine Selbst-Kritik* (1873) hält er sich sogar zugute, die umwälzenden wissenschaftlichen Fortschritte der zweiten Jahrhunderthälfte gleichsam »anticipirt und vorausgesehen« zu haben:[18]

»Denn es wird sich schwerlich in der Geschichte der Wissenschaft eine philosophische oder wissenschaftliche Theorie ausfindig machen

18 vgl. Büchner an Haeckel, 12.8.1867, Nr. 42

lassen, welche in ihrer Gesammtheit *so sehr* die wissenschaftliche Zukunft anticipirt und vorausgesehen hat, wie diejenige des Verfassers von »Kraft und Stoff«. Kaum war das Buch erschienen, so folgten Schlag auf Schlag eine ganze Reihe der wichtigsten wissenschaftlichen Entdeckungen, welche ohne Ausnahme die in demselben niedergelegten Ansichten bestätigten oder rechtfertigten, und von denen in früherer Zeit jede einzelne hingereicht haben würde, um einem ganzen Jahrhundert zur höchsten Ehre zu gereichen.« (Büchner 1874a:470)

In einem an Haeckel gerichteten Schreiben vom 12.8.1867 gab Büchner an, »schon im Jahre 1855, also fünf Jahre vor Darwin … die Grundzüge der Descendenz-Theorie in … »Kraft und Stoff« … ausgesprochen« zu haben, zumal der Jenaer Zoologe lediglich Lamarck (1744–1829), Darwin und Goethe (1749–1832) als die eigentlichen Begründer der Abstammungslehre anerkannte. Ferner sieht sich Büchner in seiner leitenden Hypothese der »Einheit und Unzertrennlichkeit von *Stoff* und *Kraft*, unter welcher letzteren *Form* und *Bewegung* miteinbegriffen war,« (Büchner 1874a:ib.) durch den Erkenntnisfortschritt bestätigt. Zum Beweis führt er die Spektralanalyse, das Gesetz der Erhaltung der Kraft, die Entwicklungs- und die Zellentheorie an.

Büchners Schriften fanden in dem zeitgenössischen Arbeiterbildungswesen zahlreiche Leser. Sie wurden von markanten Persönlichkeiten aus Wissenschaft, Kultur und Politik geschätzt. Neben den »Monisten« Haeckel und Bölsche charakterisierte Darwin Büchner als »einen »hervorragenden Naturforscher und Philosophen.« (Darwin 1872:3) Der Arbeiterführer und Publizist Franz Mehring (1846–1919) achtete Büchner als »fleißigen, gebildeten Arbeiter, dem es in seiner Weise ehrlich um die Förderung der menschlichen Gesittung zu tun war.« (Wittich Bd. 1:V) Sein besonderes Engagement galt der Volksbildung: 1863 gründete er den sozialdemokratischen Arbeiterbildungsverein in Darmstadt und war dessen 1. Vorsteher. Büchner war einer der Gründer des »Freien Deutschen Hochstifts«, das auf Initiative des liberalen Geologen Otto Volger (1822–1897) am 23.10.1859 in Frankfurt am Main gegründet wurde. (cf. Seng 1998:5) Die »Mitgliederschaft« dieser bürgerlich-liberalen Bildungsstätte ernannte Büchner wegen seiner Lehrerfolge in der »Heilkunde und Aufklärung« zum »Ehrenmitglied und Meister«.[19] Zum Nutzen der Zuhörer konzentrierte Büchner sein populärwissenschaftliches Vortragsangebot seit den 1870er Jahren auf medizinische, hygienische und physiologische Themen.[20] Er sei, wie er Volger anläßlich der Verteidigung seines geplanten Festvortrages »Über Lebensdauer und Lebens-Erhaltung« zur Feier des Schillertages am 10.11.1878 mitteilte, durch seine »vielen Erfahrungen in Vorlesungssachen nach und nach dazu gekommen, eigentlich wissenschaftliche Themata zu vermeiden und möglichst solche Gegenstände öffentlich zu besprechen, welche den Hörern persönlich nahe liegen und ihnen einen bestimmten Nutzen gewähren. Auch kann man dabei und nebenher genug im wissenschaftlich aufklärenden Sinne wirken.«[21] Daher lehnte Büchner Volgers Vorschlag, wegen der Überlänge seines bereits ausgearbeiteten medizinischen Vortrages auf ein einstündiges Referat »über »Kraft und Stoff« … oder über das Wesen des Stoffes – über Atomistik und Dynamik u.s.w. …«[22] auszuweichen, ab und beharrte auf einer Kurzfassung des ursprünglichen Themas. Mit dem Gothaer Publizisten Karl August Specht (1845–1909) gründete Büchner am 10.4.1881 in Frankfurt am Main den »Deutschen Freidenkerbund«, eine Organisation, die sich der Verbreitung eines aufgeklärten Weltbildes verschrieb und dem »Deutschen Monistenbund« (1906) vorausging. Der »Deutsche Freidenkerbund«, dem bereits bei seiner Gründung »gegen 2000 Personen aus allen Schichten der Gesellschaft ihren Beitritt angezeigt oder in Aussicht gestellt« hatten, diente vornehmlich dem Zweck,

---

19 vgl. Mitgliedsakte »Büchner«, FDH

20 Im Auftrag der »Gesellschaft zur Verbreitung von Volksbildung« offerierte Büchner im 1. Halbjahr 1886 folgende naturwissenschaftlichen Vorträge:
1. Ueber Essen und Trinken. 2. Ueber Lebensdauer und Lebenserhaltung. 3 Ueber Luft und Atmen. 4. Ueber Ernährung und Erhitzung. 4. Ueber Husten und Hustenkrankheiten. 6. Ueber ansteckende Krankheiten. 7. Ueber den vorgeschichtlichen Menschen. 8. Ueber tierischen Magnetismus, Somnambulismus, Hypnotismus und verwandte Erscheinungen. Ueber religiöse und wissenschaftliche Weltanschauung. 10. Amerikanische Eindrücke. 11. Die Sonne und ihr Einfluß auf das Leben. (nach Daum 1998:174)

21 Büchner an Volger, 31.10.1878, FDH

22 Volger an Büchner, 30.10.1878, FDH

»die zerstreuten und darum mehr oder minder ohnmächtigen Kräfte der deutschen Freidenker und des deutschen Freidenkerthums in Deutschland, Oesterreich und der Schweiz zu sammeln, zu organisiren und durch Vereinigung sowie durch gegenseitige Verständigung aller Derer, welche sich selbst und die Menschheit von religiösen und wissenschaftlichen Irrthümern und Vorurtheilen zu befreien und die volle Freiheit des Gewissens herzustellen wünschen, stark zu machen.« (Büchner/Specht 1881)

Während eines Aufenthalts in London im September 1881 anläßlich des zweiten Internationalen Freidenker-Kongresses nutzte Büchner in Begleitung Edward Avelings (1851–1898) die Gelegenheit, Darwin in Down aufzusuchen. Büchners Aufsatz *Ein Besuch bei Darwin* trug zur Enthüllung der religiösen Ansichten Darwins bei.[23] Der englische Naturforscher gestand seinen Besuchern, daß er sich erst im Alter von 40 Jahren vom christlichen Glauben abgewandt habe. Als Darwin endlich die Muße fand, über sein Verhältnis zum Christentum nachzudenken, war es dem strengen Empiristen »nicht durch Beweise unterstützt.« (cf. Büchner 1890a:391) Auf Einladung deutsch-amerikanischer Turnergemeinden unternahm Büchner 1874 eine ausgedehnte Vortragsreise durch die Vereinigten Staaten von Amerika und hielt in 32 Städten 100 Vorträge vor deutschen Vereinen. In den 1860er Jahren gehörte er dem linken Flügel der deutschen Volkspartei an. Er war Mitglied der Ersten Internationale und 1867 Delegierter auf ihrem Kongreß in Lausanne. 1885–1891 war Büchner Abgeordneter des Hessischen Landtages. Büchner war II. Präsident des Vereins hessischer Ärzte, 1. Sprecher der Darmstädter Turnergemeinde, Mitglied des historischen Vereins in Darmstadt, Mitglied des »Deutschen Bundes für Bodenreform«, des »Feuerbestattungsvereines« und Ehrenmitglied der »Naturhistorischen Gesellschaft« in Nürnberg. 1863 unterstützte Büchner eine geheime Spendenaktion zugunsten Ludwig Feuerbachs, der nach der Liquidation der Bruckberger Porzellanfabrik zu Gunsten finanziell bedrängter Verwandter 1860 seine wirtschaftliche Unabhängigkeit verloren hatte.[24] Seit 1860 war er mit Sophie Thomas

---

23 vgl. Büchner an Haeckel, 7.11.1882, Nr. 52
24 vgl. Büchner an Volger, 8.3.1863, FDH

(1836–1920), der Tochter eines Frankfurter Kaufmannes, verheiratet. Aus der Ehe gingen vier Kinder hervor. Ludwig Büchner verstarb am 1. Mai 1899 in Darmstadt.

1.5. Vogt und Moleschott

Die Korrespondenz zwischen dem Genfer Geologen, Zoologen und Politiker Carl Vogt und dem holländischen Physiologen Jacob Moleschott ist in zwölf Briefen Vogts, sechs Briefen Moleschotts sowie einem Dokument überliefert. Mit den Eckdaten 1852 und 1889 umfaßt sie einerseits einen langen Zeitraum und markiert andererseits zwei bedeutsame Ereignisse im Leben der beiden Naturforscher: 1852 erschien mit dem *Kreislauf des Lebens* Moleschotts populärwissenschaftliches Hauptwerk. 1854 sollte es den jungen holländischen Physiologen seiner beruflichen Karriere in Deutschland berauben. Im Mai 1889 beging der greise Zoologe Vogt im Rahmen eines offiziellen Festaktes sein 50jähriges Doktorjubiläum in Genf. Handelt es sich bei Vogts Brief an Moleschott vom 6. 11. 1852 und Moleschotts Brief an Vogt vom 10. 7. 1889 lediglich um zwei Gelegenheitsschreiben, konzentriert sich die wenige Korrespondenz auf die Zeit von 1860 bis 1867. Vogts erster Brief belegt, daß die populärwissenschaftliche Schriftstellerei die älteste Berührungsfläche zwischen ihm und Moleschott abgab. Sein Schreiben ist hinsichtlich der kulturellen Bedeutung des frühen populärwissenschaftlichen Schrifttums aufschlußreich. Es beweist die Anerkennung, die Moleschott bei Vogt, dessen Freund Edouard Desor und Emil Adolf Roßmäßler, einem der Anführer der zeitgenössischen Volksbildungsbewegung, erfuhr. Wie sehr andererseits Moleschott die fachlichen und stilistischen Fähigkeiten seines Genfer Kollegen auf diesem schwierigen publizistischen Gebiet bewunderte, dokumentiert ein Brief Moleschotts an den Geologen Otto Volger. Volger, der Initiator des »Freien Deutschen Hochstifts« in Frankfurt am Main, hatte Moleschott um Mitwirkung an einer volkstümlichen wissenschaftlichen

»Sammelwerk«[25] gebeten und ihn aufgefordert, die »Physiologie« zu übernehmen. Moleschott sagte jedoch wegen Arbeitsüberlastung ab.[26] Bei dieser Gelegenheit empfahl er Volger, »Vogt die Zoologie zu übertragen, wenn er dafür zu gewinnen ist. Ich kenne Niemand, der es ihm auf diesem Felde in der Kunst der lebendigen, plastischen Beschreibung gleich thue, Burmeister[27], der ihn zuweilen übertrifft, wonicht ihn doch sehr häufig nicht, weder an Schärfe, noch an Frische«. Vogt und Moleschott pflegten beständigen Kontakt. Vogt war auch mit Moleschotts Schwiegervater Georg Strecker, dem Haupt einer angesehenen liberalen Mainzer Familie, befreundet. Der Genfer Gelehrte suchte die Streckers bei seinen gelegentlichen Aufenthalten in Mainz offensichtlich regelmäßig auf und war über die Familienangelegenheiten seines Turiner Kollegen entsprechend gut unterrichtet.[28] Moleschotts Schwiegermutter Karoline Strecker reiste anläßlich ihrer Besuche der Familie Moleschott zuweilen über Genf und legte im Hause Vogts eine Zwischenstation ein. Bei dieser Gelegenheit überbrachte sie Moleschott das Manuskript des Vogtschen Aufsatzes *Menschen, Affen-Menschen, Affen und Prof. Th. Bischoff in München.*[29] Vogts Briefe vom 1.5., 9.5. und 10.12.1862 belegen seinen ausschlaggebenden Beitrag zur Berufung des Berner Anatomen und Physiologen Moritz Schiff (1823–1896) an die Universität Florenz (1863–1876). Vogt bat seinen derzeitigen Turiner Kollegen Moleschott um gefällige Unterstützung einer Eingabe, die er in Sachen Schiff an den Physiologen und italienischen Unterrichtsminister Carlo Matteucci (1811–1868) gerichtet hatte. Nach Schiffs Weggang nach Florenz verwandte sich Vogt für die Wiederbesetzung des vakanten Berner Lehrstuhls für vergleichende Anatomie. Er setzte sich für die Berufung Eugen Hufschmidts ein, der Moleschott während der Zürcher Jahre assistierte. Darüber hinaus informierte

25 vermutlich die von Volger herausgegebene kurzlebige populärwissenschaftliche Zeitschrift »Mittheilungen aus der Werkstätte der Natur«, Frankfurt a.M. 1858–1859

26 Moleschott an Volger, 23.4.1857, FDH

27 Hermann Burmeister (1807–1892), Hallenser Zoologe; Erforscher der Tierwelt Südamerikas

28 vgl. Vogt an Moleschott, 1.11.1862, Nr. 11; 5.7.1867, Nr. 14

29 vgl. Vogt an Moleschott, 8.7.[1867], Nr. 16; Moleschott an Vogt, undatiert, Nr. 17

Vogt neben Ernst Haeckel auch Moleschott über seine intensiven Bemühungen, an der italienischen Mittelmeerküste ein »zoologisches Laboratorium« zu errichten.[30]

Wie bereits angedeutet, bildet der Schriftwechsel über die Veröffentlichung zweier Manuskripte in der Zeitschrift *Untersuchungen zur Naturlehre des Menschen und der Thiere* den Hauptteil der Korrespondenz zwischen beiden Naturforschern. Mit der ersten Arbeit *Untersuchungen über die Absonderung des Harnstoffs und deren Verhältniss zum Stoffwechsel*, die 1861 in dem von Moleschott betreuten Organ erschien, kam Vogt auf physiologische Fragestellungen zurück, die ihn zunächst als Gießener Schüler Justus von Liebigs während der 1830er Jahre beschäftigten. Wie Vogt seinem Turiner Kollegen am 12.12.1860 mitteilt, sei er »eben mit einer kritischen Arbeit über Bischoff-Voits Harnstoff-Elucubrationen beschäftigt, worin ich besonders die totale Unrichtigkeit aller ihrer Rechnungen, Controll Rechnungen und Schlüsse ... nachweise.« Mit »Bischoff-Voits Harnstoff-Elucubrationen« bezeichnete Vogt eine Anzahl experimenteller Studien Theodor Ludwig Wilhelm Bischoffs (1853, 1858) und Carl von Voits (1860), die vornehmlich der Rolle des Stickstoffs bei der Muskelbildung galten. Sie werden zum Verständnis der Vogtschen Kritik im Folgenden kurz umrissen. Die Arbeiten Bischoffs und Voits zielten auf die Lösung offener Fragen der Stoffwechselphysiologie, die erstmals in Justus von Liebigs Schriften »Die Chemie in ihrer Anwendung auf Agricultur und Physiologie« (1840) und »Die Thier-Chemie oder die organische Chemie in ihrer Anwendung auf Physiologie und Pathologie« (1842) aufgeworfen wurden. Voit wurde von Liebigs Hypothese geleitet, daß das tierische Gewebe ausschließlich von stickstoffhaltigen Eiweiß bildenden Nährmitteln geformt werde; eine Theorie, die bereits Anlaß zu der Kontroverse zwischen Moleschott und Liebig gab. Voit ging wie Liebig davon aus, daß die stickstofflose Nahrung (»Atemmittel«) im Blut oxidiert, um Wärme zu erzeugen. Voit bekannte sich zu der Überzeugung des renommierten Chemikers, daß alle mechanische Arbeit, die ein Organismus leistet, durch die Metamorphose der stickstoffhaltigen Gewebebestandteile ermöglicht werde. Die Liebigsche Auffassung,

30 vgl. Vogt an Moleschott, 1.5.1862, Nr. 8; 9.5.1862, Nr. 9; Dokument 1 (9.5.1862)

daß die mit der mechanischen Arbeit einhergehende Gewebeveränderung anhand der Menge des ausgeschiedenen Harnstoffs exakt bestimmt werden könnte, leitete das Forschungsprogramm des Münchener Physiologen über einen längeren Zeitraum. Als sich Voit seit 1852 mit diesem Spezialgebiet näher zu beschäftigen begann, stellte bereits der Münchener Anatom und Physiologe Theodor Ludwig Bischoff vergleichende Messungen über den In- und Output der Elemente Kohlenstoff, Stickstoff, Wasserstoff und Sauerstoff an, welche die Konsistenz der Nahrung und der tierischen Ausscheidungen bestimmen. 1852 führte Bischoff systematische experimentelle Untersuchungen an Hunden durch. Dabei irritierte ihn das Mißverhältnis zwischen den verabreichten Stickstoffrationen einerseits und dem ausgeschiedenen Harnstoff andererseits, zumal die erzielten Ergebnisse von Liebigs Theorie abwichen. Bischoff und sein Assistent Voit setzten ihre ernährungsphysiologischen Studien an einem Hund in München gemeinsam fort. Sie fütterten ihn abwechselnd mit nitratreichen, nitratarmen und nitratlosen Nahrungsrationen. Voit gelangte bei der Analyse der Ausscheidungen eines Hundes, den er in einer Tretmühle laufen ließ, zu dem Ergebnis, daß mit der mechanischen Mehrarbeit des Hundes lediglich eine unterproportionale Zunahme des ausgeschiedenen Harnstoffs einher geht. (cf. Holmes 1976, Rothschuh 1970) Liebigs These, daß ausschließlich der Stickstoff als Muskelbildner anzusehen sei, konnte somit widerlegt werden. Gegenüber Moleschott bewertete Vogt die Bischoff-Voitschen Untersuchungen lediglich als wertlose »gelehrte Nachtarbeiten« und bezweifelte somit ihre Beweiskraft. Deren experimentelle Grundlagen seien ungeeignet, ihre Theorien innerer physiologischer Prozesse empirisch zu belegen. Vogt plädierte für eine physiologische Forschung mit exakt definierten Experimental- und Messungsgrundlagen. Er warf Bischoff zudem vor, daß dieser mit der Ansicht von der Aufspeicherung der »Electricität als Bewegungskraft des Thierkörpers« (Vogt 1861:4) weiterhin der Physiologie der romantischen Naturphilosophie verhaftet sei.

Vier Briefe betreffen die zweite Veröffentlichung Vogts in der Moleschottschen Zeitschrift. Sie belegt dessen isolierte Stellung innerhalb der zeitgenössischen Anthropologie, eine Position, die u.a. von Rudolf Virchow (1870) scharf kritisiert wurde. Abermals ist es eine Schrift

Bischoffs, die Vogt zu einer beißenden Kritik an dem wissenschaftlichen Standpunkt seines angesehenen Widersachers provozierte. Anlaß für Vogts Aufsatz *Menschen, Affen-Menschen, Affen und Prof. Th. Bischoff in München* (1870) ist Bischoffs opulentes Tafelwerk »Ueber die Verschiedenheit in der Schädelbildung des Gorilla, Chimpansé und Orang-Outang, vorzüglich nach Geschlecht und Alter, nebst einer Bemerkung über die Darwinsche Theorie« (1867) Es tangiert Vogts anthropologische Studien über die Mikrokephalie, die der Genfer Naturforscher während der 1860er Jahre mit großem Eifer betrieb. Virchow stellte ihm 1866 zwei Mikrokephalenschädel aus dem Bestand des pathologischen Instituts der Berliner Universität leihweise zur Verfügung.[31] Ernst Krause (1839–1903), der Vogt-Kenner und zeitweilige Herausgeber des »Kosmos«, einer »Zeitschrift für einheitliche Weltanschauung auf Grundlage der Entwicklungslehre«, kommt in einer biographischen Skizze des Genfer Naturforschers für die »Allgemeine Deutsche Biographie« auf Vogts *Untersuchungen über Mikrocephalen oder Affenmenschen* (1867) zurück und umreißt sachkundig die Grundzüge seines anthropologischen Standpunktes:

»Da der Mensch in seiner persönlichen Entwicklung vor seiner Geburt durch eine Stufe hindurchgeht, auf welcher er viel größere Aehnlichkeit mit den Affen, namentlich in der Schädel- und Gehirnbildung darbietet als nachher, so meinte V[ogt], die Mikrocephalen einfach als sog. Hemmungsbildungen, d.h. als Menschen, die auf der Affenstufe stehen geblieben seien, bezeichnen, und sie als Beweis für eine derartige Entwicklungsweise in Anspruch nehmen zu können, ein Ansicht, in der wahrscheinlich ebenso viel Uebertreibung steckt, wie in der entgegengesetzten von Virchow (1870, der Hrsg.), nach welcher die Mikrocephalen als rein pathologische Bildungen keinerlei Zeugniß in der Abstammungsfrage abzugeben im Stande sein sollen.« (Krause 1896:186)

Der Genfer Naturforscher reagierte auf Kritik an seinen Forschungen überaus empfindlich. Vogts Polemik bezieht sich vornehmlich auf den zweiten Teil der Bischoffschen Schrift. Er bezeichnete sie gegenüber Moleschott herabsetzend als »eines der liederlichsten Mach-

31 Vogt an Virchow, 29.4.1866; 14.5.1866 ADW

werke, das sich denken läßt.« Ihr »Anhang über die *Darwin*sche Theorie und den Unterschied zwischen Menschen- und Thierseele« lasse »an Stupidität Alles hinter sich, … was noch gesagt worden ist.«[32] Wie Virchow bestritt Bischoff, »dass die Darwinsche Lehre … den Gedanken der unmittelbaren Abstammung des Menschen von den Affen irgendwie erwiesener oder wahrscheinlicher gemacht habe …« (Bischoff 1867:88) In den »Bemerkungen über die Darwinsche Theorie« behauptet der Münchener Gelehrte, daß dieser Theorie zufolge eigentlich »nur noch der Mensch auf dem Erdboden übrig sein könnte« und »Die Gorilla, Chimpansé und Orang … unsere directen Vorfahren … nicht sein« könnten, »denn die Menschen würden sie längst von dem ganzen Erdboden verdrängt haben …« (Bischoff 1867:77) Vogt kontert, daß Bischoff aufgrund seines »Mißverständnisses, in welchem die *organische Vollkommenheit* mit der *speciellen Nützlichkeit* verwechselt wird« (Vogt 1870:512), Darwin gänzlich fehlinterpretiert habe. Darwin habe »ganze Bogen seines Werkes zur Erläuterung dieses Unterschiedes zwischen der organischen Vervollkommnung und der speciellen Ausrüstung zu bestimmten Zwecken im Kampfe um das Dasein verwandt«; »er hat nachgewiesen, dass gewisse Organismen sogar degradirt werden und in ihrer Structur sich vereinfachen müssen, um den Bedingungen des Kampfes um's Leben genügen zu können, wie z.B. die Schmarotzer …« (Vogt 1870:513 f.) Bischoff macht Vogt zum Vorwurf, daß er und andere Naturforscher (z.B. Haeckel) hinsichtlich der geistigen Fähigkeiten des Menschen und der Tiere »lediglich einen *quantitativen* Unterschied … entdecken könne«. (Bischoff 1867:90) Bischoff behauptet jedoch, daß nur der Mensch »über sich nachdenken könne.« (cf. Bischoff 1867:92) Vogts Vergleich der geistigen Fähigkeiten des Menschen mit dem minimalen intellektuellen Vermögen der Kleinköpfigen sei nichtig, weil nur vollendete gesunde Formen »auf gleichen Entwicklungsstufen und im Normalzustande« (Bischoff 1867:93) verglichen werden dürften und keine »Idioten« mit dem Menschen, »um den Unterschied zwischen Mensch und Affen womöglich zu vernichten«. (Bischoff 1867:ib.) Da jedoch Vogt die Mikrokephalen als Menschen betrachtete, die nicht

32 Vogt an Moleschott, 5.7.1867, Nr. 14

über die Affenstufe hinaus gelangten, bewertete er sie als spezifische anthropologische Entwicklungshöhe, die einen derartigen Vergleich zulasse. Vogt teilte mit »so vielen anderen« zeitgenössischen Naturforschern den genetischen Standpunkt und behauptete, »dass nur das *Werden* des Organismus uns über das *Gewordene* Aufschluss geben könne«. (Vogt 1870:525) Deshalb – so Vogt – vermag auch der Mikrokephale Aufschluß über den normal entwickelten Menschen zu geben. Vogt erweist sich bei der Beurteilung der Unterschiede zwischen Mensch und Tier abermals als physiologischer Reduktionist. Weil Vogt die Seele lediglich als Nervenfunktion deutete, deren Eigenschaften von der Entwicklungshöhe des Organismus abhängen, war für ihn der Unterschied zwischen den menschlichen und tierischen Bewußtseinsäußerungen lediglich relativ und nicht prinzipieller Natur: Er leugnete den qualitativen Unterschied zwischen dem Tier und dem Menschen, zumal auch das Tier über »Beschaffung von Nahrung, auf ungestörten Geschlechtsgenuß, auf geschützten Aufenthalt ... auf Sorge für die Familie« (Vogt 1870:523 f.) nachdenke. Moleschott, der auf den Inhalt des Manuskripts nicht weiter einging, dankte Vogt, daß er »dem kalten, hohlen Ton entsagt, der die Akademien so unausstehlich langweilig macht ...«[33]

1.6. Büchner und Moleschott

Der Briefwechsel zwischen dem Darmstädter Arzt und Philosophen Ludwig Büchner und dem holländischen Physiologen Jacob Moleschott ist in drei Schreiben Büchners und zwei Schreiben Moleschotts überliefert. Er erstreckt sich auf den kurzen Zeitraum von 1855 – 1856. Die Briefe Moleschotts wurden bereits in der biographischen Skizze *Jakob Moleschott* von Büchner auszugsweise publiziert. (cf. Büchner 1900:139 f.) Sie datieren aus dem Anfangsstadium der Wissenschaftspopularisierung in Deutschland. Büchner hatte bereits sein »empi-

33 Moleschott an Vogt, undatiert, Nr. 17

risch-naturphilosophisches« Hauptwerk (1855) veröffentlicht, Moleschott den gegen Liebig gerichteten *Kreislauf des Lebens* (1852).

Wie Büchner bei der Sendung der Urausgabe von *Kraft und Stoff* an Moleschott gesteht, haben dessen Schriften »den von mir eingehaltenen Gedankengang angeregt und geleitet.« (cf. Büchner an Moleschott, März 1855) Der »17. Brief« des *Kreislauf des Lebens*, »Kraft und Stoff«, gab den Titel zu dem gleichnamigen Hauptwerk Büchners ab. In diesem Kapitel präzisiert Moleschott seine naturphilosophischen Prinzipien, die von Büchner vollständig geteilt wurden. Seinem materialistischen Denken gemäß haben die Stoffe ihre Eigenschaften seit Anbeginn nur aus und durch sich selber inne:

»Die Eigenschaft des Sauerstoffs, sich mit Wasserstoff verbinden zu können, ist immer vorhanden. Ohne diese Eigenschaft besteht der Sauerstoff nicht. Wenn es möglich wäre, diese Eigenschaft vom Sauerstoff zu trennen, dann wäre der Sauerstoff nicht Sauerstoff mehr. ... In keinem Fall kommt die Eigenschaft von außen. ... Die Kraft ist kein stoßender Gott, kein von der stofflichen Grundlage getrenntes Wesen der Dinge. Sie ist des Stoffes unzertrennliche, ihm von Ewigkeit innewohnende Eigenschaft.« (Wittich Bd. 1:234 f.)

In seinem Dankschreiben vom 26. 6. 1855 lobt Moleschott Büchners philosophische Begabung und »Vertrautheit mit unseren philosophischen Schriftstellern von echt kritischem Geist.« Sein Darmstädter Kollege gehöre zu den wenigen »Naturforschern«, die sich bei ihrer Beschäftigung mit »kritischer Philosophie ... zu ganz folgerichtiger Klarheit erheben.« Zumal Büchners Materialismus ebenfalls auf massive Widerstände aus Wissenschaft, Politik und Kirche traf, betrachtete Moleschott *Kraft und Stoff* als willkommene »Hilfstruppe« im zeitgenössischen Kampf um die materialistische Weltanschauung. Im vierten Vorwort zur dritten Auflage von *Kraft und Stoff* nahm Büchner für Moleschott Partei und kritisierte den renommierten Chemiker Justus von Liebig wegen seiner populistischen Polemik an den Auffassungen Moleschotts. Aufgrund der sachlichen Schwierigkeit des Gegenstandes und dem hohen Ansehen Liebigs legte Büchner das betreffende Manuskript Moleschott zur kritischen Durchsicht in Auszügen vor.[34] In der

34 vgl. Büchner an Moleschott, Nr. 21, 17. 3. 1856

gedruckten Fassung verurteilte Büchner sowohl Liebigs Polemik gegenüber Moleschott als auch dessen Festhalten an dem »hinlänglich kritisirten naturphilosophischen Begriff der *»Lebenskraft«* (Büchner 1856:LVI). Darüber hinaus opponierte er gegen den Anspruch des Chemikers, »den Stab über die dilettantischen Anmaßungen des Materialismus gebrochen« (Büchner 1856:LIV) zu haben. Gestützt auf einen Bericht der Augsburger »Allgemeinen Zeitung« vom 24. und 25. 1. 1856 warf Büchner Liebig vor, in einem Vortrag über »anorganische Natur und organisches Leben« seinen »bereits mehrfach« mit »*Moleschott* verhandelten Streit über den *Phosphorgehalt des Gehirn's* anzuregen und dabei mit Argumenten zu operiren, welche offenbar nur in den Augen Solcher Werth haben können, die von den Details und der inneren Bedeutung jenes Streites keine Kenntniß besitzen.« (Büchner 1856:LXXIIIf.) Liebig gehe »Von der vollkommen falschen Unterstellung« aus, »als leiteten *Moleschott* oder die Anhänger seiner Richtung den *Gedanken* von einer »Phosphorescenz des Gehirns ab«. Der renommierte Chemiker suche sich »in *der* Weise über seine Gegner lustig zu machen, daß er meint, einer solchen Ansicht zufolge müßten die *Knochen*, weil sie 400mal mehr Phosphor, als das Gehirn enthalten, auch 400mal mehr Denkstoff produciren!!« (Büchner 1856:LXXIV) Büchner weist auf die persönlichen Einwendungen Moleschotts gegen die von Liebig erhobenen Vorwürfe in der 1. und 2. Auflage des *Kreislauf des Lebens* hin. Mit »seinem bekannten und in seiner Nahrungsmittellehre zuerst ausgesprochenen Satz: »Ohne Phosphor kein Gedanke« habe Moleschott »Ausgehend von der feststehenden Thatsache, daß der *Phosphor* als chemischer Bestandtheil des Gehirn's eine ebenso bestimmte und nothwendige Bedeutung für dessen chemische Constitution besitzt, wie jedes chemische Glied für irgend eine chemische Verbindung überhaupt,« (Büchner 1856: LXXIVf.) überzeugend und vorurteilslos lediglich auf die elementare Bedeutung des Phosphors für die Hirnaktivität hinweisen wollen. Sie lasse sich mit einem Hinweis auf die variierende Konzentration dieses Elements in den einzelnen Organen nicht leugnen. In einer 1857 verfaßten Rezension des *Kreislauf des Lebens* beurteilte Büchner Moleschotts populäres Hauptwerk durchaus kritisch. Sein Hauptmangel lag für Büchner in dem Umstand, daß »Das Buch ... sich für ein Volksbuch« ausgebe, »dieses aber in der That so wenig« sei, »als ein Gelehrtenbuch, da es für das Volk zu gelehrt, für den Gelehrten zu ungelehrt ist.« (Büchner 1874a:52) Über die Gemeinsamkeiten ihrer geistigen Haltung hinaus bestand zwischen Moleschott und Büchner keine persönliche Beziehung.

Berücksichtigt man einerseits neben der thematischen Beschränkung auf die Kontroverse zwischen Liebig und Moleschott die kurze Dauer des Briefwechsels Büchner-Moleschott sowie andererseits den eher pragmatischen Briefwechsel Vogt-Moleschott, erweist sich die Einschätzung Vogts, Moleschotts und Büchners als »sogenanntes materialistisches Triumvirat« (z.B. Killy 1995:198) als fragwürdiges Produkt voreiliger ideologischer Legendenbildung.

1.7. Naturwissenschaftlicher Materialismus, Monismus und Darwinismus

Für den naturwissenschaftlichen Materialismus des 19. Jahrhunderts ist die Ableitung weltanschaulicher Schlußfolgerungen aus dem Erkenntnisstand der Einzelwissenschaften charakteristisch. Neben der Stellung des Menschen in der Natur und seinem Verhältnis zur Tierwelt war das Leib-Seele-Verhältnis ein Hauptthema des Materialismus der 1850er Jahre. Dieses philosophische Grundproblem, das mittels eines radikalen physiologischen Reduktionismus gelöst werden sollte, trat mit dem Erscheinen von Darwins deszendenztheoretischem Hauptwerk »Die Entstehung der Arten durch natürliche Zuchtwahl« (1859) einerseits und Haeckels wissenschaftlicher wie weltanschaulicher Parteinahme für die Darwinsche Theorie andererseits seit Mitte der 1860er Jahre zugunsten der leidenschaftlichen Diskussion der Abstammung des Menschen von den Affen in den Hintergrund. Obwohl sich Vogt und Moleschott unmittelbar nach der Veröffentlichung des Darwinschen Werkes zum Entwicklungsgedanken und zur Deszendenztheorie bekannten, führten diese ehemals tonangebenden materialistischen Denker seitdem ein Schattendasein. Die Verdrängung Vogts, Moleschotts und Büchners an die Peripherie der »weltanschaulichen

Bühne«, die durch die Vereinnahmung der Darwinschen Lehre für den »Monismus« Haeckels seit dem Ende der 1860er Jahre noch beschleunigt wurde, hielt Friedrich Albert Lange in der zweiten Auflage der »Geschichte des Materialismus« (1875) fest:

»Als die erste Auflage unsrer Geschichte des Materialismus erschien, war der Darwinismus noch neu; ... Seitdem hat sich das Interesse von Freund und Feind dermaßen auf diesen Punkt konzentriert, daß nicht nur eine weitschichtige Literatur über Darwin und den Darwinismus entstanden ist, sondern daß man auch behaupten darf, der *Darwinismus*-Streit ist gegenwärtig das, was damals der allgemeinere *Materialismus-Streit* war. – *Büchner* findet zwar noch immer neue Leser für »Kraft und Stoff«, aber man hört keinen literarischen Schrei der Entrüstung mehr, wenn eine neue Auflage erscheint; *Moleschott*, der eigentliche Urheber unsrer materialistischen Bewegung, ist im großen Publikum fast vergessen, und selbst *Carl Vogt* wird wenig mehr erwähnt, soweit es sich nicht um spezielle Fragen der Anthropologie handelt oder um vereinzelte unvergeßliche Aussprüche seines drastischen Humors. Statt dessen nehmen alle Zeitschriften Partei für oder gegen Darwin; es erscheinen fast täglich neue größere oder kleinere Schriften über die *Deszendenztheorie*, die *natürliche Züchtung* und besonders, wie sich denken läßt, über die *Abstammung* des Menschen, da nun einmal gar viele Individuen dieser besonderen Spezies an sich selbst irrewerden, wenn ein Zweifel an der Echtheit ihres Stammbaumes auftaucht.« (Lange 1974: Bd. 2:685)

Fortan im Schatten des Haeckelschen Monismus stehend, sicherte sich in erster Linie Büchner mit dem Bekenntnis zur Darwinschen Theorie die fortgesetzte Wahrnehmung seines philosophischen Standpunktes. Sein Angriff auf die Religion, der zugleich ein politischer Angriff auf den feudalen Staat war, erfuhr durch Darwins Lehre neue wissenschaftliche Impulse. Aus der Sicht des Herausgebers sind die materialistischen Darlegungen Vogts – selbst die in *Köhlerglaube und Wissenschaft* (1855) – lediglich als wissenschaftstheoretische Positionsbestimmungen dieses modernen Zoologen zu begreifen. Vogts Überlegungen zum Leib-Seele-Verhältnis und zur Stellung des Menschen in der Natur, letztere erläuterte der Autor vorwiegend in populären zoologischen Schriften, dürfen nicht als dezidierte philosophische Analysen angesehen werden. Sie sind nicht mit der systematisierenden Naturphilosophie bzw. Kosmologie Ludwig Büchners vergleichbar. Daher kann bei Vogt von einer eigentlichen Absorption seiner materialistischen Theorie durch den Monismus Haeckels nicht die Rede sein. Haeckels energischer Einsatz für die Verbreitung seiner »monistischen« Lehre traf in erster Linie die Philosophie Büchners. Büchners – im begrifflichen Sinne – gleichfalls »monistisches« Naturverständnis fußte wie dasjenige Haeckels auf den Prinzipien der Ewigkeit und Einheit von Kraft und Stoff. (cf. Büchner 1855:352, Haeckel 1866 Bd. 2:449) Wie Haeckel distanzierte sich Büchner zunächst vom Materialismus. In seinem Brief vom 30.3.1875 klärte er den Jenaer Zoologen darüber auf, daß er »Anfangs die Bezeichnung »Materialismus«, welche eine ganz einseitige Vorstellung weckt, nie für meine Richtung gebraucht« habe und »sie nur nothgedrungen später hier und da acceptirt« hätte. Büchners Naturphilosophie stieß sowohl in den freidenkerischen »Weltanschauungszirkeln« des Bürgertums als auch im Arbeiterbildungswesen auf beachtlichen Widerhall. Fortan konkurrierte Haeckel in der *Natürlichen Schöpfungsgeschichte* (1. Aufl. 1868) mit Büchners *Kraft und Stoff* (1. Aufl. 1855) um die Gunst dieses Publikums. Auch Haeckel suchte nach einer Synthese von Naturforschung und Weltanschauung. Er stellte Büchners mechanisch-monistischer Naturdeutung ein pantheistisch-monistisches Weltbild gegenüber, das bereits in der *Generellen Morphologie* (1866) zwischen einem mechanischen Pol einerseits – »dem Gedanken von der allgemeinen Wirksamkeit mechanischer Ursachen in allen erkennbaren Erscheinungen« (Haeckel 1866 Bd. 1:XXIV) und einem pantheistischen Pol andererseits – der Vorstellung von der Anwesenheit »Gottes in der Natur« (Haeckel 1866 Bd. 2:448) – schwankte. Haeckel setzte den Gottesvorstellungen Büchners und Moleschotts, die wie Feuerbach »im *persönlichen* Gott« einen Anthropomorphismus oder ein von unserem eigenen Wesen abstrahirtes und nach demselben gebildetes Gedankending« und in dem »*unpersönlichen* hingegen ein *logisches* Unding« (Büchner 1869:334) erkennen wollten, die pantheistische »Gott-Natur« Goethes (Haeckel 1866 Bd. 2:448) entgegen. Zum Ausgang des 19. Jahrhunderts bekannte sich Haeckel zu dem *Monismus als Band zwischen Religion und Wissenschaft* (1892), der »das ethische Bedürfniss unseres *Gemüthes* ... ebenso« befriedige »wie das logische Causalitätsbedürfniss unseres *Verstandes*.« (Haeckel 1892:8) Wollte Büchner jedwede Gottesidee als hinderliche anthropomorphe Fiktion entlarven, betonte Haeckel »die unendlich erhabenere Gottes-Vorstellung, zu welcher uns der Monismus hinführt, indem er die *Einheit Gottes in der gesammten Natur* nachweist, und den Gegensatz eines organischen und eines anorganischen Gottes aufhebt ...« (Haeckel 1866 Bd. 2:450 f.) Erblickt man *»Gottes Geist und Kraft in allen Naturerscheinungen«*, wird für Haeckel »die Naturphilosophie in der That zur Theologie.« (Haeckel 1866 Bd. 2:451) Haeckel und Wilhelm Bölsche, der mit Abstand erfolgreichste naturwissenschaftliche Volksschriftsteller der Wilhelminischen Ära, haben das volksbildnerische Wirken Vogts, Moleschotts und Büchners wiederholt sachkundig gewürdigt.[35] Sie konnten bei der Verbreitung des monistischen Weltbildes auf ein Publikum bauen, das mit der Rezeption populär aufbereiteter einzelwissenschaftlicher Naturbilder und deren »weltanschaulicher« Aufladung bereits seit der Mitte des 19. Jahrhunderts vertraut war. Im Monismus der Jahrhundertwende wird das von Moleschott und Büchner bis zuletzt materialistisch und atheistisch gedeutete Tatsachenmaterial eine »höhere religiöse Weihe« erfahren. Diese unverhohlen proklamierte metaphysische Wende, die sich bereits in Haeckels Altenburger Rede (1892) abzeichnet, resultiert aus dem pseudoreligiösen Sinnangebot des Haeckel-Bölscheschen-Monismus, der das materialistisch-naturalistische Weltbild Moleschotts und Büchners konterkarierte. Haeckel und Bölsche stilisierten fortan ein idealisierendes panpsychismisches Naturverständnis, in dem die vom »Kampf uns

35 vgl. zu *Vogt* Wilhelm Bölsche (1897): *Erinnerungen an Karl Vogt*. in: Neue Deutsche Rundschau, Jg. 8, Heft 6 (Juni 1897), S. 551–561; Wilhelm Bölsche (1898–1901): *Karl Vogt*. in: Das Neunzehnte Jahrhundert in Bildnissen. Hrsg. von Karl Werkmeister. Berlin: Kunstverlag der Photographischen Gesellschaft, Bd. 1, S. 267–269; E. Haeckel an W. Vogt, 8. 8. 1896, UBG. zu *Moleschott* Wilhelm Bölsche (1898–1901): Jacob Moleschott. in: Das Neunzehnte Jahrhundert in Bildnissen. Hrsg. von Karl Werkmeister. Berlin: Kunstverlag der Photographischen Gesellschaft, Bd. 5, S. 751–752. zu *Büchner* Ludwig Büchner (1932): Kraft und Stoff. Mit einer Einleitung und Anmerkungen von Wilhelm Bölsche. Neudruck der Urausgabe. Leipzig: Alfred Kröner; Wilhelm Bölsche (1899): *Ludwig Büchner*. in: Die Wage, Jg. 2, Nr. 20 (14. 5. 1899), S. 332–334

Dasein« gezeichnete Natur in den »beseelten« Kosmos der *Kunstformen der Natur* (1899–1904) aufgehen und eine ästhetisierende Verzauberung erfahren sollte.

Die Edition des Briefwechsels Vogts, Moleschotts und Büchners mit Ernst Haeckel will vor allem zur Klärung der wissenschaftlichen und persönlichen Beziehungen der »klassischen Materialisten« des 19. Jahrhunderts zu dem Darwinisten Haeckel beitragen. Abgesehen von den persönlichen und sachlichen Schwerpunkten dieser Korrespondenz dokumentieren die Briefe, daß Vogt, Moleschott und Büchner den Jenaer Zoologen als »den« Schüler Darwins betrachteten. Dabei differenzierten sie einerseits zwischen dem Naturforscher Haeckel als Apologeten Darwins und andererseits dem »Monisten« Haeckel als Verfechter einer evolutionsbiologisch orientierten Weltanschauung. Die Briefe demonstrieren die jeweiligen Positionen, die Vogt, Moleschott und Büchner im Anschluß an Darwins deszendenztheoretisches Hauptwerk (1859) und die Ernennung Haeckels zum ordentlichen Professor der Zoologie (1865) in wissenschaftlicher wie weltanschaulicher Hinsicht bezogen.

1.8. Ernst Haeckel (1834–1919) – Leben und Werk

Ernst Haeckel wurde am 16. Februar 1834 als zweiter Sohn des Regierungsrates Karl Haeckel (1781–1871) in Potsdam geboren. Seine Mutter, Charlotte Sethe (1799–1898), entstammte einer niederrheinischen Juristenfamilie. 1835 ließ sich die Familie in Merseburg nieder. 1843–1852 besuchte Haeckel das Merseburger Domgymnasium. Sein Wunsch, bei Matthias J. Schleiden in Jena Botanik zu studieren, ging aus gesundheitlichen Gründen nicht in Erfüllung. Auf Drängen der Eltern nahm Haeckel am 24. April 1852 das Medizinstudium in Berlin auf. Kurz darauf studierte er drei Semester an der Universität Würzburg. Hier war er Schüler des Anatomen und Physiologen Rudolf Albert von Koelliker, des Pathologen, Anthropologen und Sozialmediziners Rudolf Virchow sowie des Anatomen Franz von Leydig (1821–1908). Im April 1854 immatrikulierte er sich erneut an der Universität

Berlin. Die Vorlesungen des Anatomen und Physiologen Johannes Müller (1801–1858) waren »für seinen wissenschaftlichen Werdegang entscheidend.« (Krauße 1984:25) Müller war als Naturforscher ein herausragender Kritiker und methodischer Gegner der romantischen Naturphilosophie. Die Semesterferien verbrachte Haeckel mit Müller auf Helgoland, der ihn hier »in die Fang- und Untersuchungsmethoden der niederen marinen Tierwelt einführte.« (Krauße ebd.:26) Wegen seiner »ungeheuren Freude an der See und ihrem Leben, ihren Bewohnern und Geschöpfen, der prachtvollen, unvergleichlichen Mannigfaltigkeit der niedlichsten Pflanzen und Tiere ...« faßte Haeckel noch auf Helgoland den Entschluß, »künftig als Naturforscher, namentlich Zoolog, tropische Seeküsten zu untersuchen, ...« (Uschmann 1984:33) Ostern 1855 immatrikulierte er sich zum Abschluß seines klinischen Studiums nochmals an der Universität Würzburg und war im Sommersemester 1856 Assistent bei Virchow. Nach einer meereszoologischen Exkursion mit Koelliker nach Nizza kehrte Haeckel an die Universität Berlin zurück und wurde im März 1857 mit der Arbeit *Ueber die Gewebe des Flußkrebses* zum Dr. med. promoviert. Ostern 1857 reiste Haeckel über Prag nach Wien, um sich in den klinischen Fächern zu vervollkommnen und auf das Staatsexamen vorzubereiten. Hier interessierten ihn »sehr viel mehr als der Besuch der Kliniken ... die Vorlesungen der erstrangigen Physiologen Ernst v. Brücke und Carl Ludwig.« (Krauße ebd.:33) Vom Besuch dieser Vorlesungen hatte Haeckel jedoch nur geringen Nutzen, zumal ihm »die nötigen physikalisch-mathematischen Vorkenntnisse« (Krauße ebd.:ib.) fehlten. Im Wintersemester 1857/58 legte Haeckel in Berlin das Staatsexamen mit der Note »gut« ab. Die Approbation als praktischer Arzt, Wundarzt und Geburtshelfer wurde ihm am 17.3.1858 erteilt. Weil Haeckel sich bereits für die Zoologie entschieden hatte, eröffnete er lediglich »formell eine Praxis im väterlichen Hause ... und behandelte kaum ein halbes Dutzend Patienten.« (Krauße ebd.:35) 1859–1860 unternahm er eine ausgedehnte Studienreise nach Italien. 1861 habilitierte er sich für vergleichende Anatomie an der medizinischen Fakultät der Universität Jena. Die 1862 erschienene Monographie der *Radiolarien* versetzte Haeckel »mit einem Schlag in die vorderste Reihe der zeitgenössischen Naturforscher«. (Hemleben

1974:144) Sie war für seine Berufung zum außerordentlichen Professor für Zoologie an der Universität Jena von ausschlaggebender Bedeutung. Im August 1862 heiratete er seine Kusine Anna Sethe, die bereits am 16. Februar 1864 starb. 1865 wurde Haeckel zum ersten ordentlichen Professor für Zoologie in Jena berufen. Im August 1865 ehelichte er Agnes Huschke. Aus der Ehe – seine Frau starb am 21. April 1915 – gingen drei Kinder hervor. Im Sommer 1860 las Haeckel Darwins deszendenztheoretisches Hauptwerk »On the origin of species by means of natural selection, or the preservation of favoured races in the struggle for life« (1859) anhand der von Heinrich Georg Bronn (1800–1862) 1860 besorgten Übersetzung zunächst flüchtig durch. Ein eingehendes Studium dieser Schrift erfolgte zwischen 1861 und 1864. (cf. Uschmann 1959:41) Er war von ihr derart fasziniert, daß er bereits im Wintersemester 1862/63 eine erste Vorlesung über die Entwicklungstheorie Darwins hielt.[36] Seitdem setzte er sich als Zoologe, populärer Autor und Redner für die Anerkennung der Darwinschen Theorie und die Abstammung des Menschen von echten Affen in zahlreichen Schriften und Vortragsreisen ein. Haeckels Streitbarkeit für Darwin wirkte auf seine Anhänger derart überzeugend, daß Moleschott und Büchner den »deutschen Darwin« (Büchner 1890a:376) nach Darwins Tod am 19.4.1882 als den eigentlichen wissenschaftlichen Erben des großen englischen Naturforschers ansahen und ihn aufforderten, seine Arbeit in dessen Sinne fortzusetzen.[37] Während einer Reise nach den Kanarischen Inseln (1866–1867) traf Haeckel am 21.10.1866 zum erstenmal mit Darwin an dessen Wohnsitz in Down (England) zusammen. Haeckel begegnete dem englischen Naturforscher insgesamt dreimal. 1866 erschien mit der *Generellen Morphologie der Organismen* Haeckels morphologisches Hauptwerk. Den zweiten Band widmete er den »Begründern der Deszendenztheorie« Darwin, Goethe und Lamarck. Er würdigt in ihm Johann Wolfgang von Goethe neben Charles Darwin und Jean Baptiste de Lamarck »als selbständigen Begründer der Deszendenztheorie in Deutschland« (Haeckel 1866

36 vgl. Haeckel an Vogt, 18.10.1864, Nr. 25

37 vgl. Moleschott an Haeckel, 23.10.1882, Nr. 33; Büchner an Haeckel, 7.11.1882, Nr. 52

Bd. 2:160) und weist darüber hinaus Goethes Wissenschaftsauffassung erkenntnisleitende Funktion zu. Seine Überzeugung von Goethes besonderem Gewicht in der Geschichte der Evolutionstheorie hat Haeckel mehrfach ausgesprochen, so in dem Vortrag *Die Naturanschauung von Darwin, Goethe und Lamarck* (1882). Goethe habe »namentlich in der Morphologie, der von ihm tief erfassten »Gestaltenlehre«, Blicke in das innere Werden und Entstehen der organischen Formen gethan, wie sie so tief und klar nur ein Genius thun konnte, der gleichzeitig Denker und Künstler, Naturforscher und Philosoph ist.« (Haeckel 1882:33) Er verteidigt den »grössten deutschen Genius« gegen jene positivistischen Kritiker, die, wie Emil du Bois-Reymond (1883), in Goethes naturwissenschaftlichen Arbeiten »keine »wissenschaftlichen Wahrheiten, sondern poetisch-rhetorische Floskeln und Gleichnisse« erkennen und behaupten, daß Goethes »Typus« »nur ein »ideales Urbild«, keine reale Stammform« (Haeckel 1882:36) sei. Eine der erfolgreichsten Schriften Haeckels war die *Natürliche Schöpfungsgeschichte* (1868), in der er die Grundzüge der Entwicklungslehre und des Monismus in allgemeinverständlicher Sprache verbreitete. In den Augen Bölsches ist die *Natürliche Schöpfungsgeschichte* »in vieler Hinsicht ... das einzige ebenso durchschlagende Konkurrenzwerk von originalem Guß ..., das zu ›Kraft und Stoff‹ im letzten Drittel des Jahrhunderts entstanden ist.« (Bölsche 1901:XX) Freilich fehlte Büchners »in rascher Momenteingebung improvisiertem« Buch neben der »größten Klammer der einheitlichen Weltauffassung«, dem »Gesetz von der Erhaltung der Energie ... der echte und eigentliche ›Darwinismus‹ ..., also die Entwickelungslehre des Lebendigen in der Form, wie sie später Haeckel hat benutzen können.« (Bölsche 1901:ib.) Während Vogt[38] die *Natürliche Schöpfungsgeschichte* wegen ihres philosophischen Einschlags kritisierte, vermochte Büchner »weder nach Form noch Inhalt irgend etwas daran auszusetzen« und glaubte, daß »das Buch mächtig zum Durchbruch der richtigen Erkenntniß und des geistigen Fortschritts auch in weiteren Kreisen beitragen« werde. (Büchner an Haeckel, 10.10.1868) Für den Erklärungswert der Selektions- und Variationstheorie Darwins einerseits und den Haeckelschen Monismus

38 vgl. Vogt an Haeckel, 4.6.1870, Nr. 30

andererseits war der Nachweis der Abstammung der Arten von einfachen organischen Urformen von erheblicher Bedeutung. Wie sehr Haeckels Naturauffassung dabei letztlich noch der antiquierten Idee einer Stufenleiter der Natur verhaftet war, belegt das Beispiel des *Bathybius Haeckelii.* (Büchner an Haeckel, 15.8.1889) Er glaubte »Besonders in der von Thomas Henry Huxley 1868 in Proben von Tiefseeschlamm entdeckten Monerengattung Bathybius Haeckelii ... den ›Urschleim‹ im Sinne Lorenz Okens, den lebenden Beweis für seine Theorie der Entstehung des Lebens aus anorganischer Materie gefunden zu haben«. (Krauße ebd.:81) Haeckel hielt an der Existenz dieses im Interesse des Darwinismus »sachlich so brauchbaren Wesens« (Bölsche 1896 Bd.II:194) selbst dann noch fest, als die Meeresbiologen John Young Buchanan (1844–1925) und John Murray (1841–1914) im Verlauf der »Challenger-Expedition« (1872–1876) die anorganische Konsistenz des vermeintlichen Protoplasmas nachwiesen und es als schlichtes ausgefälltes Kalziumsulfat identifizierten. (cf. Rehbock 1975) Haeckel begriff die Urzeugung, das Hervorgehen kernloser Organismen (»Moneren«) aus anorganischer Materie, als unentbehrliche wissenschaftliche Hypothese. Er sah den Erklärungswert der Generatio aequivoca zunächst in dem schlüssigen Nachweis einer natürlichen Entstehung der Arten, dann aber auch als Beleg der Einheit der anorganischen und organischen Natur. Laut Rudolf Virchow, der die Urzeugung nur dann anerkennen wollte, »wenn sie zu beweisen wäre« und den wissenschaftlichen Wert bloßer Hypothesen bestritt, sei »Mit dem Bathybius ... wieder einmal die Hoffnung in die Tiefe versunken, dass die Geneneratio aequivoca sich nachweisen lasse.« (Virchow 1877:21) Bedeutende Beiträge zur Ontogenie und Phylogenie erbrachte Haeckel mit der Formulierung des biogenetischen Grundgesetzes (1872) – es beschreibt die Keimesentwicklung als verkürzte Rekapitulation der Stammesentwicklung – und der »Gastraeatheorie« (1874). Haeckel behauptete, daß alle Metazoen (vielzellige Tiere) während der Embryonalentwicklung ein Gastrulastadium durchlaufen und dabei einem Becherkeim gleichen. Der »Gasträatheorie« zufolge – wie sie Büchner allgemeinverständlich erläutert – verdanken »alle, auch die am weitesten getrennten Stämme ihren frühesten Ursprung einer einzigen Stammform von höchster Einfachheit, welche man als ›Urmagen‹ bezeichnen kann.« (Büchner 1898:45) Trotz der Fehlerhaftigkeit der Haeckelschen Idee wird »gegenwärtig ... noch die Meinung vertreten, daß wir hinsichtlich unserer Vorstellungen von der hypothetischen Urform der Metazoen keine Theorie haben, die den gleichen Erklärungswert besitze.« (Uschmann 1959:9) Als Zoologe profilierte sich Haeckel mit einer Reihe von Monographien über die Morphologie und Systematik wirbelloser Tierstämme. Er verfaßte Monographien über *Radiolarien*, *Siphonophoren*, *Medusen* und *Schwämme*. Diese umfangreichen Tafelwerke schloß Haeckel 1899 mit den monumentalen »Challenger-Reports« ab. Die Grundzüge seiner »monistischen« Programmatik legte Haeckel in dem – am 9. Oktober 1892 in Altenburg gehaltenen – Vortrag *Der Monismus als Band zwischen Religion und Wissenschaft* dar. Haeckel beendete »mit dem Abschluß des 19. Jahrhunderts, ... der sich ganz und gar als dessen Kind betrachtete, seine fachwissenschaftlichen Arbeiten und widmete sich künftig ausschließlich der Popularisierung des Entwicklungsgedankens und dem Ausbau seines Monismus.« (Kraußе ebd.:103) *Die Welträthsel* (1899) und *Die Lebenswunder* (1904) müssen als seine weltanschaulichen Hauptwerke betrachtet werden. Im September 1904 nahm Haeckel am Internationalen Freidenkerkongreß in Rom teil und wurde von den Delegierten zum »Gegenpapst« ernannt. Am 11. Januar 1906 wurde der »Deutsche Monistenbund« im Jenaer Zoologischen Institut gegründet, der »auf der Basis des Monismus die Trennung von Staat und Kirche« (Uschmann 1984:315) anstrebte. Einer seiner Präsidenten (1911–1915) war der renommierte Chemiker und Naturphilosoph Wilhelm Ostwald (1853–1932). Unter Ostwalds Leitung fand vom 8.–11. September 1911 der erste Internationale Monistenkongreß in Hamburg statt. 1917 erschien Haeckels letztes gedrucktes Werk *Kristallseelen*, in dem er die Hypothese einer durchgängigen »Beseeltheit« der organischen wie der anorganischen Natur vertrat. Die Schrift zählt wie die *Kunstformen der Natur* (1899–1904) und die *Wanderbilder* (1905) zu seinen ästhetisch-naturphilosophischen Arbeiten. Haeckel starb nach langer Krankheit am 9. August 1919 in seinem Jenaer Wohnhaus, der »Villa Medusa«.

1.9. Vogt und Haeckel

Die in sechs Briefen Vogts und drei Briefen Haeckels überlieferte Korrespondenz zwischen dem Genfer Geologen, Zoologen und Politiker Carl Vogt und dem Jenaer Zoologen Ernst Haeckel beschränkt sich auf den Zeitraum von 1864 bis 1870. Haeckels Brief vom 18.10.1864 belegt, daß sich die beiden Zoologen zumindest einmal im Genfer Hause Vogts persönlich begegneten. Haeckel lernte zwei der populärsten Schriften Vogts – die »Reisebriefe« *Ocean und Mittelmeer* (1848) sowie die *Zoologischen Briefe* (1851) – bereits als Student der Medizin in Würzburg (1852–1854) kennen.[39] Ihr materialistischer und atheistischer Gehalt hatte zur Erschütterung seines ursprünglich christlich geprägten Weltbildes wesentlich beigetragen. (cf. Uschmann 1984:36) Zweifellos haben beide Werke, die für die anatomische, physiologische und ästhetische Faszination der niederen Arten werben, (cf. Kockerbeck 1995, 1997:54–67) Haeckels Vorliebe für die systematische Erforschung und monographische Beschreibung wirbelloser Tierstämme gefördert. Bereits seit 1862 engagierte sich Haeckel mit großem Eifer für die Evolutionstheorie Darwins.[40] Im Wintersemester 1862/63 las er »Über die Darwin'sche Theorie von der Verwandtschaft der Organismen«. Darüber hinaus verteidigte Haeckel 1863 die Evolutionstheorie vor der 38. Versammlung der Gesellschaft Deutscher Naturforscher und Ärzte in Stettin in seiner Rede *Über die Entwickelungs-Theorie Darwin's* gegen den Widerstand Rudolf Virchows und Otto Volgers. Vogts persönliche und öffentliche[41] Kritik an Haeckels philosophischer Überzeichnung der Evolutionstheorie sowie dessen Vorliebe zur Bildung neuer biologischer Termini (cf. z.B. Haeckel 1866) gab den Anstoß, daß sich das Verhältnis beider Naturforscher seit den 1870er Jahren zunehmend entfremdete, was sich bereits in den drei letzten überlieferten Schreiben Vogts abzeichnet.

Aus dem Briefwechsel geht hervor, daß der Genfer Gelehrte hinsichtlich der schwindenden Anziehung seiner Person auf das Laien-

39 vgl. Haeckel an W. Vogt, 8.8.1896, UBG

40 vgl. Haeckel an Vogt, 18.10.1864, Nr. 25

41 z.B. *Darwin und seine Theorie* in der Wiener »Tagespresse« vom 17., 19.2.; 5., 21., 31.3.; 12., 15.4.1871

publikum Stillschweigen bewahrte, obwohl diese nicht zuletzt auf die populäre Wirksamkeit des Haeckelschen Monismus zurückgeht. Andererseits wurde die Haeckelsche Interpretation der Darwinschen Theorie, die sich als »Hochschule des Darwinismus« (Vogt an Haeckel, 4.6.1870) durchzusetzen begann, von Vogt entschieden abgelehnt. Auf dem Höhepunkt ihres Zwistes warf der Jenaer Zoologe seinem Kollegen in der 3. Auflage der *Anthropogenie* (1877) vor, daß dieser sich »in neuester Zeit ... in die seltsame Behauptung verrannt« habe, »daß die Abstammung des Menschen nur bis zu den Affen und nicht weiterhin zu niederen Thieren verfolgt werden könne. Das beweist aber nur, daß Vogt den neuesten Fortschritten der Zoologie nicht gefolgt ist und seit langer Zeit die Fühlung mit den wichtigsten Theilen der Entwicklungsgeschichte gänzlich verloren hat.« (Haeckel 1877:82) Für Vogt war diese vernichtende Kritik willkommener Anlaß, in dem Artikel *Apostel-, Propheten- und Orakelthum in der Wissenschaft*, der 1877 im Feuilleton der »Frankfurter Zeitung« erschien, gegen den Haeckelismus zu polemisieren. Er konterte mit der Behauptung, Haeckel gehöre zu den »einzelnen Individualitäten«, denen »es doch immer« gelinge, »sich selber einzureden, daß ihr Glauben Wissen sei und sobald diese Ueberzeugung einmal Platz gegriffen hat, wird die anfänglich kaum bemerkbare Verwerfungsspalte im Gehirn zu einem mehr und mehr klaffenden Schlunde, in welchen schließlich Alles hinabstürzt, was vorher noch am Rande des Abgrundes sich erhalten hatte.« (Vogt 15.3.1877:1) Zunächst belehrte Vogt die Leser über den seinerzeit noch überwiegend hypothetischen Charakter der Darwinschen Theorie. Er pflichtete Thomas Henry Huxley (1825–1895) darin bei, daß diese Lehre, »wenn sie nicht streng wahr, doch eine solche Annäherung an die Wahrheit ist, wie die Copernikanische Theorie für die Planetenbewegung war. Trotz alledem muß unsere Annahme der Darwin'schen Hypothese so lange nur provisorisch sein, als ein Glied in der Beweiskette noch fehlt.« (Huxley zitiert nach Vogt 15.3.1877:3) Auf den populärwissenschaftlichen Charakter der *Anthropogenie* anspielend, forderte Vogt, »um so vorsichtiger, und dem Laien gegenüber am vorsichtigsten« zu sein, »wenn es sich darum handelt, Beweise vorzulegen.« Unter Mißachtung dieser im Interesse der Wissenschaft gebotenen Vorsicht habe Haeckel lediglich »die Lücken ... mit hypothetischen

Kabalwesen« ausgefüllt, »mögen sie noch so folgerichtig konstruirt sein ...« Er mahnt, daß »wir ... die Wirklichkeit nicht mit der Wahrscheinlichkeit verwechseln ...« (Vogt 15.3.1877:ib.) dürften. Der in Haeckels *Anthropogenie* verbreitete Stammbaum des Menschen besaß für Vogt lediglich hypothetischen Charakter. Darüber hinaus bestritt der Genfer Zoologe nachdrücklich den Erklärungswert der Haeckelschen Urkunden:

»Die Reihenfolge und das Wesen des irdischen Lebens, als Ganzes betrachtet, sind offene Fragen. ... Im höchsten Grade unvollständig ist, nach Haeckel's eigenem Geständniß, die ursprünglichste aller Schöpfungsurkunden, die Paläontologie; nicht minder unvollständig die zweite, höchst wichtige Schöpfungsurkunde, diejenige der Ontogenie (Embryologie); sehr unvollständig die höchst wichtige Schöpfungsurkunde der vergleichenden Anatomie – und aus den Fetzen dreier, im höchsten Maße unvollständiger Urkunden flickt man einen höchst unvollständigen Stammbaum zusammen!« (Vogt 22.3.1877:2)

Auch bezüglich der Stammformen des Menschen waren beide Naturforscher geteilter Meinung. In der *Generellen Morphologie der Organismen* bezog Haeckel den Menschen in den Stammbaum der Säugetiere als dritte Familie bei den schwanzlosen Affen (Catharinen) ein. (cf. Haeckel 1866 Bd.1: Tafel VIII) Während Haeckel die monophyletische Abstammung des Menschen von lokal begrenzten ausgestorbenen tertiären Affen als erwiesen ansah und die Gattung Pithecanthropus als Zwischenglied hypostasierte (cf. Haeckel 1866 Bd.2:427), beharrte Vogt auf der Existenz unabhängiger Anthropoidengeschlechter. In den *Vorlesungen über den Menschen* (1863) behauptete er, daß »uns alle ... Thatsachen nicht auf einen gemeinsamen Stamm, auf eine einzige Zwischenform zwischen Mensch und Affe hin« führen, »sondern auf vielfache Parallelreihen, welche sich, mehr oder minder local begrenzt, aus den verschiedenen Parallelreihen der Affen entwickeln mochten.« (Vogt 1863b Bd.2:260) Seiner Theorie zufolge könnte die rote Menschenrasse von amerikanischen Affenarten abstammen, die schwarze Menschenrasse von afrikanischen Affenarten, usw.. Vogts Kritik an Haeckels »philosophischer Ausdrucksweise« (Vogt an Haeckel, 6.6.1870) zielt vornehmlich auf Haeckels (1866, 1868) monistische Verzeichnung der mechanischen Evolutionstheorie Darwins[42]. Vielleicht war es der wissenschaftliche Zwist zwischen beiden Naturforschern, der Haeckel nach Vogts Tod am 5. Mai 1895 dazu bewog, der Bitte der Münchener »Allgemeinen Zeitung« um Lieferung eines Nekrologs nicht nachzukommen.[43]

Beide Zoologen verband eine Vorliebe für die Meeresbiologie und die niedere Tierwelt des Mittelmeeres.[44] Die Briefe dokumentieren, daß sich Vogt mit beachtlicher Energie für den Bau einer festen biologischen Forschungsstation an der Mittelmeerküste einsetzte; ein Projekt, das er bereits seit 1848 (Vogt 1848 Bd. 1:135 f.) zu verwirklichen suchte. Vogt informierte Haeckel über seine Gespräche mit dem österreichischen Unterrichtsminister Carl Edler von Stremayr (1823–1904), den er nach früheren erfolglos gebliebenen Bemühungen[45] in der »Aquariumsfrage« 1870 um Unterstützung bei der Errichtung eines biologischen Observatoriums im österreichischen Triest ersuchte. Zu diesem Zweck reichte Vogt von Anton Dohrn (1840–1909), einem Schüler Haeckels, vermittelte Schreiben Darwins, Haeckels und Carl Gegenbaurs (1826–1903) bei den Wiener Behörden ein und dankte Haeckel für dessen Unterstützung. Obwohl Vogt Dohrn bereits seit April 1868 persönlich kannte und Dohrns Engagement für die Etablierung einer Forschungsstation an der Mittelmeerküste nach Kräften unterstützte, war er im Juni 1870 noch nicht darüber informiert, daß sich Dohrn bereits für das süditalienische Neapel als zukünftigen Standort entschieden hatte.[46] Nach dem Scheitern seiner eigenen Initiativen war Vogt Dohrn publizistisch und – durch Vermittlung potentieller Geldgeber – auch finanziell behilflich. Die Zoologische Station Neapel wurde im Jahre 1873 eröffnet. (vgl. Groeben 1995) Haeckel hat die »Entfremdung« zwischen ihm und Vogt in einem Brief an Vogts Sohn Willian (1859–1918) vom 8. 8. 1896 bedauert und sich gegenüber den Leistungen seines Vaters als »Lehrer und Schriftsteller« lobend aus-

42 Haeckel hatte in der *Generellen Morphologie* (1866) auf die Unentbehrlichkeit »philosophischer Grundlagen ... in der gesammten Zoologie und Botanik« (Haeckel 1866 Bd. 1:XXIIf.) verwiesen und die Grundzüge seines monistischen Standpunktes im 30. Kapitel »Gott in der Natur« des zweiten Bandes dargelegt.

43 vgl. Dokument 4 (6. 5. 1895)

44 vgl. Vogt an Haeckel, 4. 7. 1865, Nr. 26; Haeckel an Vogt, 10. 7. 1876, Nr. 27

45 vgl. Vogt an Moleschott, 9. 5. 1862, Nr. 9

46 vgl. Vogt an Haeckel, 1. 3. 1870, Nr. 28; Vogt an Haeckel, 30. 4. 1870, Nr. 29

gesprochen. In gewisser Weise anrührend ist Haeckels Respekt vor dem Lebenswerk des Genfer Zoologen wie das Gefühl persönlicher Unterlegenheit, das er William Vogt gegenüber vertrauensvoll zum Ausdruck brachte:

»... Dass ich seit länger als 48 Jahren (beinahe einem halben Jahrhundert) zu den aufrichtigen Bewunderern des genialen Carl Vogt gehöre, ist Ihnen bekannt. Wie mich schon 1848 seine Beredsamkeit im Frankfurter Parlament fesselte, so entzückten mich als Würzburger Student (1852–1856) die classischen ›Zoologischen Briefe‹, so erheiterten mich die herrlichen Reisebriefe ›Ocean und Mittelmeer‹ etc. etc. Um so aufrichtiger habe ich bedauert, dass späterhin eine Entfremdung zwischen uns eintrat, die beiden Kampfgenossen zum Nachtheil wurde. Wie gewöhnlich, werden beide Theile Schuld daran gehabt haben, noch mehr aber die geschäftigen Zwischenträger (darunter frühere Schüler von mir), die an dem Zwist ihre Freude hatten. Wie ich als Lehrer und Schriftsteller hinter Carl Vogt zurücktrete, und mit seinen glänzenden Talenten nicht concurriren kann, so ist mir auch kein gleicher Erfolg beschieden gewesen. Krankheit und Missgeschick verschiedener Art haben mich in den letzten Jahren immer mehr der Einsamkeit in unserem stillen Erdenwinkel zugeführt. ...«

1.10. Moleschott und Haeckel

Die in sieben Briefen Moleschotts, zwei Briefen Haeckels sowie einem Dokument überkommene Korrespondenz zwischen dem Römischen Physiologen und Senator Jacob Moleschott und dem Jenaer Zoologen Ernst Haeckel zeugt von beiderseitiger Sympathie und persönlicher Verbundenheit. Obwohl von einem eigentlichen Briefwechsel nicht die Rede sein kann – Anlaß für die gelegentliche Korrespondenz waren häufiger gegenseitige Buchgeschenke – belegen die Autographen und Dokumente[47] das zunehmend freundschaftliche Verhältnis beider Natur-

47 vgl. die Familienanzeigen des Todes von Maria Moleschott † 3.6.1879 (Dokument 2) und Jacob Moleschott † 20.5.1893 (Dokument 3)

forscher.[48] Ihre seit 1882 erhaltene Überlieferung kennzeichnet ein Datum, zu dem Moleschott und Haeckel längst dem wissenschaftlichen Establishment Deutschlands bzw. Italiens angehörten. Den Briefen ist zu entnehmen, daß sich Moleschott und Haeckel in Deutschland und Italien mehrfach trafen. Im Gegensatz zu dem Genfer Zoologen Carl Vogt blieb das Verhältnis zwischen Haeckel und Moleschott von wissenschaftlichen Kontroversen unbelastet, zumal sich die Arbeitsgebiete des morphologisch orientierten Zoologen einerseits und des experimentell forschenden Physiologen andererseits nicht berührten. Moleschott und Haeckel begegneten sich in erster Linie als führende Repräsentanten des italienischen und deutschen Freidenkertums, die – im Gegensatz zu Ludwig Büchner – aus der bequemen Position verbeamteter und in der Öffentlichkeit angesehener Universitätsprofessoren publizistisch wie rhetorisch für die Verbreitung der »wissenschaftlichen Weltanschauung« streiten konnten. Die Regierung des jungen italienischen Königreiches verbündete sich in ihrem anhaltenden politischen wie ideologischen Konflikt mit dem heiligen Stuhl »mit den rasch fortschreitenden Naturwissenschaften«, wobei »Vor allem die Evolutionstheorie … wertvolle Vorteile gegenüber der katholischen Kirche« (Brömer 1993:96) versprach. Wegen Haeckels »offenem Antiklerikalismus«, dem »wesentlichen Grund für seinen Erfolg bei dem nicht naturwissenschaftlich interessierten italienischem Publikum« (Brömer ebd.:ib.), erwartete Moleschott die Teilnahme seines Jenaer Kollegen an der Einweihung des Giordano-Bruno-Denkmals am 9. 6. 1889[49] auf dem Campo de Fiori in Rom. Das Denkmal zu Ehren Giordano Brunos (1548–1600), der 1600 von der Inquisition als Ketzer hingerichtet wurde, hatte für die italienischen Freidenker im Konflikt mit der katholischen Kirche einen beachtlichen symbolischen Stellenwert. Moleschott hegte gegenüber dem um 1882 bereits überwiegend pseudoreligiösen Monismus Haeckels eine gewisse Sympathie. Jedoch resultiert der an Haeckel gerichtete Appell,

48 Während seiner Teilnahme am Internationalen Freidenker-Kongreß in Rom im September 1904 besuchte Haeckel Moleschotts Sohn Karl, »den einzigen noch lebenden Nachkommen meines alten Freundes M[oleschott].« (Uschmann 1984:284)

49 vgl. Moleschott an Haeckel, 11. 7. 1889, Nr. 38

noch »lange mein Führer durch Zeit und Raum« zu bleiben, (Moleschott an Haeckel, 13.11.1890) eher aus dem zu Übertreibungen neigenden Briefstil dieses Physiologen, zumal sich derselbe noch 1892 neben Protagoras (483–410) zu Ludwig Feuerbach als dem anderen leitenden »Pol seines Denkens« bekannte. (Moleschott 1894:3) Er teilte die Vorliebe seines Gesinnungsgenossen für die pantheistische Naturphilosophie Giordano Brunos und Baruch de Spinozas (1632–1677).[50] Die »pantheistischen Systeme« Brunos und Spinozas galten Haeckel, der sich zwecks philosophischer Aufwertung seines Monismus neben Goethe bevorzugt auf diese Denker des 16. und 17. Jahrhunderts berief, als »bewunderungswürdige Versuche, zu einer einheitlichen und natürlichen Weltauffassung zu gelangen.« (Haeckel 1882:29) Moleschott widersprach jedoch Haeckels Ansinnen, Goethes morphologische Vorstellungen von der »Bildung und Umbildung organischer Naturen« neben den Leistungen Darwins und Lamarcks als selbständigen Beitrag zur Begründung der wissenschaftlichen Abstammungslehre zu interpretieren, die Goethe »zu einem Vorläufer Darwin's stempeln würden.«[51] Er leistete behutsam einer Goethe-Interpretation Widerstand, die, »angelegt bei Strauß, zum Programm erhoben von Haeckel und seinen Schülern«, Goethe »im Zeichen der Entwicklungslehre« pseudoreligiös vereinnahmte und »die Wirkungsgeschichte des Dichters im letzten Drittel des 19. Jahrhunderts wesentlich mitgeprägt« hat. (Mandelkow 1980 Bd.1:169) In der 5. Auflage seines *Kreislauf des Lebens* (1887) widmete Moleschott den wissenschaftlichen Leistungen Haeckels breiten Raum, für deren »warme und gütige Anerkennung«[52] Haeckel dankte. Moleschott betrachtete Haeckels Begriff einer »natürlichen Schöpfungsgeschichte« noch als »vorläufige Rücksicht auf mosaische und andere Sagen«. Er war vielmehr der Überzeugung, daß »Die Bezeichnung ›Schöpfungsgeschichte‹ ... aus der Naturwissenschaft verschwinden« werde, da sie »gegen die Natur« sei. (Moleschott 1887:86) Haeckel gebühre »das Verdienst, ... neben der Entwicklungsgeschichte der Einzelwesen einen neuen Zweig der Wissenschaft,

50 vgl. Moleschott an Haeckel, 2.1.1886, Nr. 35; 13.11.1890, Nr. 39
51 vgl. Moleschott an Haeckel, 23.10.1882, Nr. 33
52 vgl. Haeckel an Moleschott, 8.2.1887, Nr. 36

die Stammesgeschichte der Arten aufgebaut zu haben.« (Moleschott 1887:ib.) Moleschott präsentierte den Jenaer Zoologen als vermeintlichen Entdecker einfacher Urzellen im Mittelmeer (cf. Moleschott 1887:ib.) und erläuterte Haeckels »Gastrulatheorie« (cf. Moleschott 1887:94). Schließlich unterstrich er Haeckels Verdienste um die phylogenetische Systematik der Lanzettierchen sowie der Lurchfische (cf. Moleschott 1887:97ff.) und skizzierte die Grundzüge des »biogenetischen Grundgesetzes« (cf. Moleschott 1887:140f).

1.11. Büchner und Haeckel

Die 22 Briefe des Darmstädter Arztes und Philosophen Ludwig Büchner an den Jenaer Zoologen Ernst Haeckel datieren von 1867 bis 1897. Die Korrespondenz zwischen beiden Darwinisten erstreckt sich somit über den Zeitraum von 31 Jahren. Sie setzt mit einem Brief Büchners anläßlich seiner Lektüre der *Generellen Morphologie* (1866) ein und endet mit Büchners Bitte um eine erneute persönliche Begegnung mit Haeckel in Jena. Die überlieferten Briefe erschließen hinsichtlich ihres sachlichen Gehalts einen dreifachen Horizont, der sich in eine fachliche, philosophische und populärwissenschaftlich-publizistische Ebene gliedert.

1. Mustert man die Autographen zunächst aus wissenschaftshistorischer Perspektive, so geben sie die leitenden Themen der Biologie im Anschluß an deren »kopernikanische Wende«, die durch Darwins Deszendenz- und Evolutionstheorie herbeigeführt wurde, und den Kampf um den Entwicklungsgedanken während des letzten Drittels des 19. Jahrhunderts geradezu spiegelbildlich wieder. In seinem ersten Schreiben vom 12.8.1867 bezieht sich Büchner unmittelbar auf das wissenschaftstheoretische Konzept der *Generellen Morphologie*. Von dem vorgefundenen Dualismus zwischen der »mechanisch« erklärenden Physiologie einerseits und der »vitalistisch« erklärenden Morphologie andererseits ausgehend, unternahm Haeckel in den »Grundzügen der ›generellen Morphologie der Organismen‹ ... zum ersten Male den Versuch, diesen heillosen und grundverkehrten Dualismus

aus allen Gebietstheilen der Anatomie und Entwickelungsgeschichte völlig zu verdrängen, und die gesammte Wissenschaft von den entwickelten und von den entstehenden Formen der Organismen durch mechanisch-causale Begründung auf dieselbe feste Höhe des Monismus zu erheben, in welcher alle übrigen Wissenschaften seit längerer oder kürzerer Zeit ihr unerschütterliches Fundament gefunden haben.« (Haeckel 1866 Bd. 1:XIVf.) Haeckel beklagte ferner, daß »In Folge der allgemeinen Vernachlässigung der unentbehrlichen philosophischen Grundlagen … in der gesammten Zoologie und Botanik eine so weitgehende Unklarheit und … babylonische Sprachverwirrung eingerissen« sei, »dass es oft unmöglich ist, sich ohne weitläufige Umschreibungen über die allgemeinsten Grundbegriffe zu verständigen.« (Haeckel 1866 Bd. 1:XXIIf.) Büchner hat diese zweifache Dimension des Haeckelschen Ansatzes im Auge und lobt die »Schärfe und Rücksichtslosigkeit …, mit der Sie der *alten Schule* und den *geistlosen Empirikern* in Ihrer Eigenschaft als Fachmann gegenübergetreten sind.« (Hervorh. v. Hrsg.)[53] Neben der für die Gültigkeit der Darwinschen Theorie so bedeutsamen Urzeugungshypothese, deren Beweiskraft am Beispiel des *Eozoon Canadense* und *Bathybius Haeckelii* erörtert wird,[54] bilden die von Rudolf Virchow und Leopold Ranke (1836–1916)[55] vorgebrachten Einwände gegen die Deszendenztheorie einen weiteren Schwerpunkt des Briefwechsels. Büchner kommt dabei auf Virchows Rede »Die Freiheit der Wissenschaft im modernen Staat« (1877) zurück. In dieser legendären Ansprache, die Virchow vor der 50. Versammlung der Gesellschaft Deutscher Naturforscher und Ärzte am 22. 9. 1877 in München in Abwesenheit Haeckels hielt, vermißt der renommierte Pathologe und Anthropologe den Nachweis der Gültigkeit der Deszendenztheorie für den Menschen, der in seinen Augen zum damaligen Zeitpunkt noch nicht erbracht war. So behauptete Virchow, daß wir »Allein thatsächlich, positiv … anerkennen« müssten, »dass noch immer eine scharfe Grenzlinie zwischen dem Menschen und dem Affen besteht. *Wir können nicht lehren, wir können es nicht*

53 vgl. Büchner an Haeckel, 12. 8. 1867, Nr. 42

54 vgl. Büchner an Haeckel, ebd.; 15. 8. 1889, Nr. 55

55 vgl. Büchner an Haeckel, 14. 6. 1870, Nr. 45; 21. 10. 1878, Nr. 50; 28. 10. 1882, Nr. 51; 19. 11. 1887, Nr. 54

als eine Errungenschaft der Wissenschaft bezeichnen, dass der Mensch vom Affen oder von irgend einem anderen Thiere abstamme.« (Virchow 1877:31) Auch der Münchener Prähistoriker und Anthropologe Leopold Ranke bezog in seiner Monographie »Der Mensch« (1887) gegenüber der Abstammungslehre eine kritische Position und verwarf die »spekulativ konstruierten Stammbäume und Abstammungshypothesen« (Geus 1987:17) Haeckels. Rankes Distanz erkläre »sich weitgehend aus der von ihm noch miterlebten Überwindung der spekulativen Naturphilosophie. Morphologische Übereinstimmungen bzw. Ähnlichkeiten zwischen verschiedenen Tiergruppen allein, konnte er nicht als Beweise für eine genetische Abstammung, also eine realhistorische Verwandtschaft akzeptieren.« (Geus ebd.:15) Büchner, der als Anhänger Darwins und Haeckels die Gültigkeit der Entwicklungstheorie und die Abstammung des Menschen von echten Affen als erwiesene Tatsache begriff, forderte den Jenaer Zoologen mangels ihm selbst zur Verfügung stehender geeigneter »Organe« in einem Brief vom 19. 11. 1887 auf, »in einer wissenschaftlichen Zeitschrift den gedankenlosen Nachbeter und Abschreiber« Ranke »die richtigen Wege zu weisen.« Weil nach Ansicht Haeckels die Deszendenztheorie mittlerweile »auf der ganzen Linie … siegreich geworden ist«, hielt er eine derartige Erwiderung für überflüssig. In seinem Brief vom 18. 8. 1889[56] antwortete er Büchner:

»Die kläglichen Predigten gegen die Descendenztheorie von Virchow, Ranke und Genossen, die noch immer auf den sogenannten anthropologischen Kongressen wiederkehren, halte ich keiner Entgegnung mehr wert, seitdem die Descendenz-Theorie auf der ganzen biologischen Linie siegreich und bereits in den Lehrbüchern allgemein grundlegend geworden ist.« (Büchner 1890:376)

Stimmten Büchner und Haeckel hinsichtlich der Gültigkeit der Deszendenztheorie in der organischen Natur überein, vertraten sie bei ihrer Wirksamkeit auf die gesellschaftliche Entwicklung konträre Positionen. In seinem Brief vom 21. 10. 1878 bezog sich der Darmstädter Gelehrte unmittelbar auf Haeckels Streitschrift *Freie Wissenschaft*

56 Haeckels Antwort vom 18. 8. 1889 ist ausnahmsweise überliefert, weil sie Büchner in seinem Aufsatz »Ein Brief« auszugsweise publizierte. (cf. Büchner 1890a:474–480)

und Freie Lehre (1878) und nahm in der sog. »Haeckel-Virchow-Kontroverse« (cf. Daum 1998:65–83) im übrigen für die Position Haeckels Partei. Unter anderem widersprach der Jenaer Zoologe in dieser Streitschrift der gegen seine Person gerichteten Polemik Virchows, daß die Deszendenztheorie dem Sozialismus förderlich sei, der entscheidend »auf der Ausbreitung des Halbwissens« (Virchow 1877:12 f.) beruhe. Haeckel konterte, daß die Deszendenztheorie und der Sozialismus »sich vertragen wie Feuer und Wasser« (Haeckel 1878 zitiert nach Altner 1981:101) und der Darwinismus nur eine »*aristokratische* …, durchaus keine demokratische, und am wenigsten eine sozialistische!« (Haeckel 1878 ebd.:103) Tendenz aufweise. Wegen seines charakteristischen biologistischen Reduktionismus (z. B. Haeckel 1869b) bei der Bewertung der gesellschaftlichen Natur des Menschen leugnete der Jenaer Zoologe deren qualitative Besonderheit und meinte, die Darwinsche Abstammungslehre unmittelbar von der organischen Natur auf die gesellschaftlichen Verhältnisse des Menschen übertragen zu können. Der Kampf ums Dasein fände, einem Naturgesetz gemäß, sowohl »in den staatlichen Organisationsverbänden der Menschen wie der Tiere« statt und erzeuge in Folge der natürlichen Auslese privilegierte tierische wie menschliche »Staatsbürger«: »Der *Sozialismus* fordert für alle Staatsbürger gleiche Rechte, gleiche Pflichten, gleiche Güter, gleiche Genüsse; die *Deszendenztheorie* gerade umgekehrt beweist, daß die Verwirklichung dieser Forderung eine bare Unmöglichkeit ist, daß in den staatlichen Organisationsverbänden der Menschen wie der Tiere weder die Rechte und Pflichten noch die Güter und Genüsse aller Staatsglieder jemals gleich sein werden, noch jemals gleich sein können.« (Haeckel 1878 ebd.:102) Büchner dagegen vertrat den Standpunkt, daß »Erstens« sich »die Erfahrungen über den Kampf ums Dasein aus der Pflanzen- und Thierwelt nicht *ohne Weiteres* (Hervorh. v. Hrsg.) auf den Menschen anwenden« lassen, »da hier durchaus nicht immer die Besten, sondern sehr häufig die Schlechtesten obsiegen, und da Zufall, Geburt, Reichthum, gesellschaftliche Stellung usw. schon von Vornherein eine unter allen Umständen bevorzugte Kaste schaffen, ohne daß Recht oder Verdienst mit im Spiel wären; Zweitens ist es gerade Aufgabe des Menschen und ächten Menschlichkeit, die Härten und Ungerechtigkeiten, welche mit dem natürlichen Kampfe um's Dasein nothwendig verbunden sind, durch künstliche Veranstaltungen möglichst auszugleichen oder aus der Welt zu schaffen, wie dieses ja auch thatsächlich bereits so vielfach geschieht.« Büchner hoffte, »daß Sie mir bei einigem Nachdenken über den Gegenstand wenigstens theilweise zustimmen werden.«[57] Der Darmstädter Arzt und Philosoph hat sich im 3. Abschnitt seiner umfangreichen Schrift *Die Stellung des Menschen in der Natur in Vergangenheit, Gegenwart und Zukunft* (1869), auf die er Haeckel in seinem Schreiben vom 21.10.1878 aufmerksam macht, ausführlich zu der Theorie vom »Kampf um das Dasein« geäußert. Laut Büchner war das Leben des Menschen im »Ur- oder Naturzustande« derart vom Kampf um das Dasein beherrscht, »daß für eine humane geistige Entwicklung, wie wir sie jetzt als Aufgabe der Menschheit ansehen, keine Gelegenheit übrig blieb.« (Büchner 1869:232 f.) Wegen des erreichten Niveaus an »Unabhängigkeit des Menschen von den bestimmenden Einflüssen der äußeren Natur« habe sich der Kampf um das Dasein in den »s. g. Cultur-Nationen« »durch den Fortschritt des Menschengeistes in seinem ganzen Wesen verändert und von dem Gebiete des materiellen Lebens mehr auf das geistige, auf das politische, gesellschaftliche und wissenschaftliche Gebiet übertragen.« (Büchner 1869:235) Als Humanist und Freidenker fordert Büchner, daß nunmehr »An die Stelle des Kampfes *um* das Dasein ... der Kampf *für* dasselbe, an die Stelle des Menschen ... die Menschheit, an die Stelle der gegenseitigen Befehdung ... die allgemeine Eintracht, ... an die Stelle des allgemeinen Hasses die allgemeine Liebe treten!« (Büchner 1869:248) solle. Bezüglich der Anwesenheit des Kampfes um das Dasein in den Kulturnationen vertritt Büchner eine widersprüchliche Position. Einerseits sei dieser lediglich noch auf geistigem, politischem und moralischem Gebiet anzutreffen, andererseits beklagt der Autor, daß der »an sich ... berechtigte« (Büchner 1869:242) Kampf um das Dasein auf geistigem Gebiet nicht zum Tragen komme, weil »eher die absichtliche Unterdrückung individueller geistiger Größe im Interesse persönlicher Bevorzugung durch Familie, Stellung, Rasse, Reichthum u.s.w. die Regel« (Büchner 1869:244) sei. Überhaupt seinen »Alle Einrichtungen

57 Büchner an Haeckel, 21.10.1878, Nr. 50

von Staat, Gesellschaft, Kirche, Erziehung, Arbeit u.s.w. ... zufolge eines stark hervorgetretenen Trägheitsgesetzes weit hinter dem zurückgeblieben, was das durch Wissenschaft, Ueberlegung und materiellen Fortschritt emporgehobene allgemeine Bewußtsein der Menschheit verlangt.« (Büchner 1869:245)

In den letzten Jahren des Briefwechsels (1894–1896) rückt mit der »progressiven Vererbung«, dem »Weismannismus« bzw. den Plasmatheorien die zeitgenössische Kontroverse über die genetische Erweiterung des »klassischen Darwinismus« in den Vordergrund. Büchner setzte sich mit dieser anspruchsvollen und vielschichtigen Thematik seinerzeit intensiv auseinander. Neben ihrem wissenschaftlichen Kern tangierte diese das Verhältnis von Sozialismus und Darwinismus sowie die problematische Übertragung selektionstheoretischer Kriterien von der organischen Natur auf gesellschaftliche Zustände und deren zukünftige Entwicklung. Gelegentlich der »Abfassung eines kritischen Referats« über die Schrift »Die Naturwissenschaft und die socialdemokratische Theorie« (1893) des Freiburger Weismannisten Heinrich Ernst Ziegler (1858–1925) bat Büchner am 27.2.1894 Haeckel als Fachautorität um Auskunft, ob er seine »früheren Ansichten über die progressive Vererbung inzwischen geändert« habe »oder nicht.«[58] Der Freiburger Zoologe und Begründer des experimentellen »Neodarwinismus« August Weismann (1834–1914) verneinte in der sog. »Weismann-Doktrin« die Einwirkung des Körperplasmas auf das Keinplasma, die Fortpflanzungszellen. (cf. Weismann 1902) Er bestritt somit eine Vererbung im individuellen Leben erworbener Eigenschaften, zumal er diese Hypothese als Zugeständnis an den als überwunden geltenden Lamarckismus bewertete. Haeckel hielt dagegen an dem von ihm bereits in der *Generellen Morphologie* proklamierten Prinzip der »progressiven Vererbung« (Haeckel 1866 Bd. 2) noch 1894 fest. Wie er in einem Brief an Weismann vom 15.1.1894 bemerkte, schien ihm »ohne dieselbe – und ohne die damit verknüpfte ›phyletische Anpassung‹ – die Descendenztheorie ihren causalen Erklärungswert zu verlieren.« (Uschmann 1984:216 f.) Ohne eine Vererbung erworbener Eigenschaften gehe der »umbildende Einfluß der Außen-

58 vgl. Büchner an Haeckel, 27.2.1894, Nr. 57

welt auf den Organismus« (Haeckel 1892:36) verlustig. Büchner, der »die Weitererbung erworbener Eigenschaften« als bereits »constatirte Thatsache« bewertete, plädierte aus physiologischer Perspektive für »jene Weitererbung ..., da ja bekannlich der Connex zwischen dem Gesammtorganismus und den Generationsorganen ein so inniger und nachhaltiger ist, daß eine Einwirkung von Veränderungen dieses Organismus auf die Keimzellen ebenso denkbar ist, wie die Einwirkung der letzteren oder der Generationsorgane auf den ersteren.«[59] Dieser Standpunkt belegt, daß Büchner hinsichtlich der Vererbung erworbener Eigenschaften der »Haeckelsche Lamarcko-Darwinismus« am plausibelsten erschien und diesen offenkundig als »repräsentativ für den Darwinismus überhaupt« (Danailov 1998:219) ansah, obwohl »sich die Mehrzahl der Gelehrten auf Weismanns Seite gestellt habe.«[60] Ebenso kritisierte Büchner den Haeckel-Schüler Wilhelm Haacke (1855–1912), der sich von zentralen Dogmen der Darwinschen Theorie distanzierte.[61] So bestritt Haacke in dem Artikel »Brennende Fragen der Entwicklungslehre«, der 1895 in der »Beilage zur Münchener Allgemeinen Zeitung« erschien, den Erklärungswert der Darwinschen Variationstheorie und kritisierte deren rein mechanische Begründung, die fälschlicherweise »keine bestimmt gerichteten, sondern nur völlig ungeregelte Variationen« (Haacke 1895b) zulasse.

2. Bei der Erörterung des philosophischen Gehalts ihres Briefwechsels ist zu berücksichtigen, daß sich sowohl Büchner als auch Haeckel der Tradition des philosophierenden Naturforschers verpflichtet fühlten. Haeckel, der die Zoologie auch zur empirisch gestützten Untermauerung seiner »monistischen Naturphilosophie« betrieb, und Büchner waren sich über die Unerläßlichkeit einer philosophischen Grundlage der Naturforschung einig. Damit gerieten beide in eine dreifache Frontstellung, aus der heraus sie sich gewissermaßen solidarisierten: 1. zu strikt empirischen Naturforschern wie etwa Carl Vogt, die jedwede Bevormundung der Naturwissenschaften durch philosophische Vorgaben konsequent ablehnten, 2. zu den Vertretern der kritizisti-

59 vgl. Büchner an Haeckel, 14.12.1895, Nr. 60
60 vgl. Büchner an Haeckel, ebd.
61 vgl. Büchner an Haeckel, 28.11.1895, Nr. 59; 31.12.1895, Nr. 61; 18.2.1896, Nr. 62

schen neukantianischen Schulphilosophie, die einzelwissenschaftlich abgeleitete weltanschauliche Aussagen der Metaphysik bezichtigten und die Plausibilität der materialistische Identifikation von Wesen und Erscheinung der Dinge negierten (cf. Lange 1873, Meyer 1870), 3. zu kirchlich-dogmatischen Kreisen, die auf dem spirituellen Charakter der menschlichen Seele und der biblischen Schöpfungslehre beharrten. In philosophischer Hinsicht ist Büchner besonders an der Erörterung des Materialismus-Begriffs und ihrer abweichenden Ansichten über das Wesen der Religion gelegen. Büchner macht Haeckel zunächst auf die falsche Interpretation der »materialistischen Weltanschauung« bzw. des »neueren Materialismus« in der Erstausgabe der *Anthropogenie* (1874) aufmerksam. Er legt ihm nahe, seine strittige These, daß »Nach der materialistischen Weltanschauung ... die Materie oder der Stoff früher da« sei »als die Bewegung oder die lebendige Kraft, der Stoff ... die Kraft geschaffen« habe, (Haeckel 1874:707) gelegentlich einer neuen Auflage zu revidieren.[62] Haeckel kam der Korrektur dieses Irrtums jedoch nicht nach und hat seine Auffassungen weiterhin wörtlich wiederholt.[63] Haeckels Position war auch für Friedrich Engels, einem der führenden materialistischen Theoretiker der zweiten Hälfte des 19. Jahrhunderts, unhaltbar. Engels kam in der »Dialektik der Natur« (1925) auf dieselbe Stelle der *Anthropogenie* (2. Aufl. 1874) zurück. Gleich Büchner betonte er die unverzichtbare Notwendigkeit einer philosophischer Grundlage für die Naturforschung, deren Niveau er als Hegelianer an der Qualität ihres theoretischen Denkens, ihrem dialektischen Vermögen, zu erkennen glaubte. Dennoch bezichtigte bezeichnenderweise Engels den Materialisten Büchner der Philosophiefeindlichkeit sowie der mangelnden Vertrautheit mit dem theoretischen Denken (cf. Engels 1925:196), zumal der Materialismus seines Gegners Büchner die ideologische Haltung der deutschen Sozialdemokratie um 1875 maßgebend beeinflußte. Im Abschnitt »Naturwissenschaft und Philosophie« erörterte Engels die philosophischen Grundlagen des Haeckelschen Monismus in drei kleineren Notizen. Die hier interessierende erste Notiz besteht aus einem wörtlichen Zitat der

62 vgl. Büchner an Haeckel, 30.3.1875, Nr. 48
63 vgl. z.B. die 3. Auflage (1877:737)

bereits von Büchner kritisierten Definition des Materialismus-Begriffs bei Haeckel. Engels schließt sie mit dem Satz: »Wo holt der sich seinen Materialismus?« (Engels 1925:201) Engels hat den philosophischen Standort des Jenaer Zoologen offensichtlich mißverstanden, zumal Haeckel den Monismus vom Materialismus absetzte und bereits die »Kraft« mit dem »lebendigen Stoff« identifizierte. Haeckel verwarf nachdrücklich die vermeintliche dualistische Differenzierung des Materialismus zwischen Kraft und Stoff. (cf. Haeckel 1874:ib.) In demselben Schreiben kommt Büchner auf Haeckels »Monismus« als Etikett seiner philosophischen Richtung zurück. Büchner bezweifelte noch, daß die »an sich sehr gute Bezeichnung ›Monismus‹ bei dem großen Publikum dauerhaft Eingang gewinnen wird.« Der Darmstädter Philosoph fürchtete um die Durchsetzungsfähigkeit eines seinerzeit neuartigen philosophischen Terminus, der sich fortan im Wettbewerb zwischen Idealismus, Materialismus, Spiritualismus, Empirismus, Agnostizismus, Positivismus usw. zu bewähren hatte. Aus Büchners Schriften geht hervor, daß er für die Definition seiner persönlichen philosophischen Position den »Monismus« gegenüber dem »Materialismus« bevorzugte, zumal der »Gegensatz von *Dualismus und Monismus*« »etwas greifbarere Ziele … als der Gegensatz von Spiritualismus und Materialismus« (Büchner 1890a:324) verfolge. Er verstand sich jedoch lediglich im begrifflich-systematischen Sinn als Anhänger des »Monismus« bzw. des »monistischen Materialismus«. (Büchner 1890a:ib.) Die pseudoreligiöse »Aufladung« sowie Verortung des »Monismus als Band zwischen Religion und Wissenschaft« (Haeckel 1892) konnte Büchner dagegen nicht billigen, zumal er Haeckels »*unpersönlichen* Gott als *logisches* Unding« (Büchner 1869:324) auffaßte. Büchners leise Kritik des Haeckelschen Religionsverständnisses kann am Beispiel der Altenburger Rede (1892) verdeutlicht werden. In seinem Brief vom 23.12.1892, den er Haeckel anläßlich dieser Rede schrieb, kommt er auf das »vieldeutige Wort Religion« zurück und bemerkt, daß »meine Standpunkte … etwas weitergehend sind als die Ihrigen …« Büchner zielt hier offensichtlich auf die Konservierung des Gottesglaubens durch den Haeckelschen Monismus. In seinem Aufsatz *Ueber den Begriff des Wortes »Religion«* unterzog Büchner den Religionsbegriff aus materialistischer Perspektive einer etymologischen und historischen Analyse, wobei er auf den gravierenden Unterschied der Ableitungen von Augustinus (354–430) und Cicero (106–43) verwies. Während ihn einerseits der »christliche Kirchenvater Augustinus« von *religare* (verbinden) ableitete, sah andererseits Cicero den Ursprung des Wortes »Religion« in dem Verb *relegere*, worunter man »das Nachdenken oder die gewissenhafte Ueberlegung über dasjenige verstehen« könne, »was zum Leben und zur Ausbildung der Pflicht gehört.« Büchner betont in seiner Eigenschaft als »Freidenker«, daß sich »dieser ciceronianischen Ableitung … stets die frei denkenden Gelehrten angeschlossen« hätten, »und in ihrem Sinne hat jeder gewissenhafte, pflichttreue Mensch Religion, einerlei welches sein Glaubensbekenntnis sein mag, während die Herren Theologen daran festhalten, den Glauben an Gott und die Verbindung oder Wiedervereinigung mit ihm als das eigentlich bestimmende anzusehen.« (Büchner 1890a:136) Haeckel registrierte die zeitgenössische Kritik des Büchnerschen Materialismus seitens der Universitätsphilosophie und des Klerus mit großem Interesse. Des nicht geringen publizistischen Erfolges seiner übrigen Schriften zum Trotz konzentrierte sich diese auf Büchners Hauptwerk *Kraft und Stoff*, das 1870 bereits in elfter Auflage erschien. Offenbar machte Haeckel Büchner 1870 auf den gleichnamigen Aufsatz (Meyer 1870) des Neukantianers Jürgen Bona Meyer (1829–1897) aufmerksam. Büchner dagegen war der Meinung, diesen Text nicht kennen zu müssen, »da ich den Mann und seine Richtung hinlänglich kennen gelernt habe …«[64] Folglich bewertete er die philosophischen Auffassungen Meyers im Kontrast zu den eigenen als vorübergehendes Modedenken.

3. In populärwissenschaftlicher und publizistischer Hinsicht belegen Büchners Briefe zunächst seinen erheblichen persönlichen Einsatz für die zeitgenössische Verbreitung des Darwinischen Theorie nebst ihrer Haeckelschen Version. Darüber hinaus dokumentieren sie seinen erbitterten Kampf um eine wissenschaftlich geleitete Weltanschauung sowie seine Streitbarkeit für eine gerechtere Gesellschaftsordnung. Als bürgerlicher Demokrat strebte Büchner einen Interessenausgleich im »natürlichen Kampfe um's Dasein« durch staatliche Institutionen an

64 Büchner an Haeckel, 14. 6. 1870, Nr. 45

und erweist sich als Gegner des Sozialdarwinismus.[65] Konnte Haeckel aus der sicheren »Stellung als Professor und Fachmann« ohne Sorgen um persönliches Ansehen und berufliches Auskommen für die Durchsetzung der Abstammungslehre streiten, geriet der Schriftsteller Büchner – ohne jeden Rückhalt ganz allein auf sich »selbst stehend«[66] – mehr und mehr zum »allgemeinen Sündenbock für Alles, was Materialismus, Darwinismus usw. verschuldet haben.«[67] Letzteres kann anhand einer Rezension der Büchnerschen Schrift über den *Gottesbegriff* (1874) verdeutlicht werden, in der Wilhelm Bender (* 1845), ein »junger protestantischer Geistlicher«, gegen Büchners gleichnamigen Vortrag polemisierte. In seinem unter der Rubrik »Systematische und praktische Theologie« der »Jenaer Literaturzeitung« vom 7.11.1874 publizierten »Schimpf-Artikel« (cf. Büchner an Haeckel, 24.11.1874) behauptet Bender, daß »der allgemein-verständliche Redner« Büchner den Beweis für seine Behauptung schuldig bleibe, daß »Der Gottesglaube« mit der »Furcht und Unwissenheit« »eine doppelte Wurzel« habe. Ohne im mindesten auf Büchners Argumentation einzugehen, führt er dies auf »die Unwissenheit des Publikums, für welches der Vortrag zugeschnitten ist, und die Furcht des Verf. vor gründlichen religionswissenschaftlichen Studien« (Bender 1874:697) zurück. Büchner wird es als Arzt und Philosoph als Affront empfunden haben, daß ausgerechnet ein protestantischer Prediger und Gymnasiallehrer vorgeblich bedauert, »dass Männer von der Bedeutung eines *Haeckel*, *Virchow* usw. es sich gefallen lassen müssen, dass sich ein *Büchner* als Apostel ihrer Lehren in zwei Welttheilen ausgibt.« (Bender ebd.:698) Büchner konfrontiert den Jenaer Zoologieprofessor mit seiner ungleich ungünstigeren persönlichen »sozialen wie akademischen Positionierung«, die, ähnlich der des Publizisten und Darwinianers Ernst Krause, »mit zahlreichen beruflichen Unsicherheiten, ja existentiellen Widrigkeiten belastet war.« (Daum 1995:227) Die Briefe belegen am Beispiel der wissenschaftlichen Publizistik die zunehmende Macht, welche die meinungsbildende Tagespresse schon während des letzten

65 Büchner an Haeckel, 28.10.1878, Nr. 50
66 vgl. Büchner an Haeckel, 29.11.1874, Nr. 47
67 vgl. Büchner an Haeckel, 24.11.1874, Nr. 46

Drittels des 19. Jahrhunderts innehatte. Sie decken auf, wie sehr der zum Weltanschauungsessayismus tendierende zeitgenössische Wissenschaftsjournalismus auf »hierzu geeignete und willfährige Organe«[68] angewiesen war, zumal der als staats- und wertezersetzend geltende Materialismus und Darwinismus von konservativen klerikalen und staatlichen Kreisen mit allen Mitteln bekämpft wurde.

Seine Schriften dokumentieren, daß sich Büchner seit der Mitte der 1860er Jahre mehr und mehr als informierender Berichterstatter über die Entwicklung der Naturwissenschaften etablierte, wobei er vor allem ihre weltanschaulichen Konsequenzen akzentuierte. Dem beachtlichen Erfolg seiner publizistischen Arbeit kam das zeitgenössische Interesse an biologischem Wissen im allgemeinen und der Entwicklungstheorie im besonderen zugute. Es empfing mit dem Eintreten Haeckels für die Darwinsche Theorie einen machtvollen Impuls. Er verbreitete Haeckels Verdienste um die Evolutionsbiologie und verband sie mit der materialistischen Philosophie. Er kämpfte an der Seite Haeckels gegen den christlichen Offenbarungsglauben und begriff sich als dessen Gesinnungsgenosse im Kampf um den Sieg der »wissenschaftlichen Wahrheit«. Somit lehnten Haeckel und Büchner freilich auch die sog. »Umsturzvorlage« kategorisch ab. Die »Umsturzvorlage« war ein Ende 1894 in den Reichstag eingebrachter Gesetzentwurf, der mittels erheblich verschärfter Strafandrohungen und restriktiver Eingriffe in die Pressefreiheit sowohl den politischen Umsturz als auch Angriffe auf Religion, Monarchie, Ehe, Familie und Eigentum abwehren sollte. Büchner interpretierte die 1895 gescheiterte Parlamentsvorlage, deren Vollzug eine erhebliche Einschränkung der Freiheit der Wissenschaft sowie eine rigorose Bevormundung der sozialistischen, materialistischen und darwinistischen Publizistik mit sich gebracht hätte, offenbar als Rückfall in die Zustände des 1878–1890 geltenden »Sozialistengesetzes«. Auch »im Angesicht der riesigen Fortschritte der Wissenschaft« im 19. Jahrhundert erschienen ihm die 1895 vorherrschenden Verhältnisse somit als Zeit »geistiger Reaktion.«[69] Büchners Hang zu einer dogmatischen »Lagermenta-

68 vgl. Büchner an Haeckel, 10.10.1868, Nr. 44
69 vgl. Büchner an Haeckel 6.2.1895, Nr. 58

lität« (Daum ebd.:ib.) zeigt sich darin, daß er sich als fachlich inkompetenter Kritiker mit Haeckels scharfer Opposition gegenüber Virchow vorbehaltlos solidarisierte. Dem Agnostizismus du Bois-Reymonds konnte er dagegen als Materialist nicht zustimmen.[70] Die in der vielbeachteten »Ignorabimus-Rede« (1872) von Emil du Bois-Reymond gezogenen Grenzen des Naturerkennens widersprachen Haeckels Erkenntnisoptimismus und seinen Vorstellungen von der Freiheit der Wissenschaft einerseits und dem naturwissenschaftlichen Materialismus andererseits. Sie konnten weder von Haeckel noch von Büchner akzeptiert werden. Laut du Bois-Reymond, dem renommierten Physiologen und Sekretär der Preußischen Akademie der Wissenschaften, ist es nicht möglich, das »Wesen von Materie und Kraft« (Wollgast 1974:63) zu erkennen und »das Bewußtsein aus seinen materiellen Bedingungen« (Wollgast ebd.:65) zu erklären. Beide Phänomene entzögen sich der mechanistischen Naturdeutung. Dagegen will »der Monismus Haeckels … die Probleme gelöst haben, die für du Bois-Reymond grundsätzlich unlösbar oder zur Zeit noch nicht gelöst sind.« (Engelhardt 1981:190) Büchner kritisierte du Bois-Reymonds Rede im Kapitel »Das Gehirn« des zweiten Bandes seiner *Physiologischen Bilder* (1875) aus der Perspektive des Materialismus. Mit in seiner »geschraubten Unbegreiflichkeitstheorie« getroffenen Behauptung, »daß das Bewußtsein aus seinen materiellen Bedingungen nicht nur nicht erklärbar ist, *sondern auch niemals daraus erklärbar sein werde*«, unterstütze dieser Physiologe die »seelenschwärmenden Philosophen und Psychologen«, die, »ohne müde zu werden, das alte Lied von der metaphysischen Bedeutung des Bewußtseins als eines immateriellen, einheitlichen, unveränderlichen, über die Natur erhabenen Etwas, von der Unergründlichkeit seines Wesens und von der Unmöglichkeit seiner Erklärung aus materiellen Zuständen oder Bedingungen« (Büchner 1875:190) plärren. Für Büchner erweist sich du Bois-Reymonds Behauptung prinzipiell als unerheblich, »da es sich bei der ganzen Streitfrage durchaus nicht um eine Erklärung, sondern um Feststellung einer Thatsache handelt.« Das »Bewußtsein aus materiellen Bedingungen erklären zu wollen oder zu können« bleibe theo-

70 vgl. Büchner an Haeckel, 21.10.1878, Nr. 50

retisch so lange unmöglich, »so lange man das Wesen der Materie selbst nicht kennt.« (Büchner 1875: 192) Jedenfalls genüge es für »alle bis jetzt gezogenen materialistischen oder monistischen Consequenzen«, daß wir schon jetzt »mit aller nur möglichen Bestimmtheit« wüßten, »*daß* die Materie, auf einer gewissen Stufe ihrer Entwicklung oder Combination angelangt, Empfindung und Bewußtsein hervorbringt!« (Büchner 1875:193) Büchner betrachtete wie Haeckel neben der Einheit von Kraft und Stoff den materiellen Ursprung des Bewußtseins als unabdingbare Voraussetzung einer »ohne Ausnahme durch das Causalitäts-Gesetz beherrschten« (Büchner 1875:195) natürlichen Erklärung der Lebensvorgänge.

Büchners Briefe belegen, daß das Verhältnis zwischen dem populären Philosophen Büchner und dem populären Zoologen Haeckel trotz ihrer bemerkenswerten Geistesverwandtschaft stets distanziert geblieben ist und keinen freundschaftlichen Charakter angenommen hat. Die offenkundigen Spannungen sind in erster Linie darauf zurückzuführen, daß der einstige Privatdozent Büchner allen publizistischen Erfolgen zum Trotz den Universitätsprofessor Haeckel um dessen ungleich günstigere akademische und soziale Stellung beneidete. Büchners Verhältnis zu Haeckel hat gewissermaßen eine dreifache Dimension: 1. Er nutzte den Jenaer Zoologen als kompetenten Informanten in wissenschaftlichen Spezialfragen und konnte die Leser seiner Schriften somit aus erster Hand informieren. 2. Er klagte Haeckel die zahlreichen Widrigkeiten, die ihn als Schriftsteller und Vortragsreisenden außerhalb einer gesicherten akademischen Laufbahn bedrängten. 3. Als Fachautorität belehrte er Haeckel in philosophischen und theologischen Gegenständen, zumal sich Büchner hier überlegen wähnte.

2. Briefe

2.1. Vogt – Moleschott (1852–1889)

Nr. 1

Vogt an Moleschott
6.11.1852, Genf

Verehrtester Herr!
Meinen besten Dank für die mir übersandten beiden Werke[1], die mir fast zu gleicher Zeit zukommen. Das Eine war von meinem Vater so gut aufgehoben worden, daß ich von seiner Existenz erst jetzt, beim Auspacken meiner aus Bern erhaltenen Bücher Kenntniß erhielt – das andere hatte einstweilen bei Buchhändler *Kessmann* hier französische Stunden genommen, was vielleicht seiner unmittelbaren Lebensfrische einigen Abbruch gethan haben würde, wäre es nicht in eine gute Makulatur verpackt gewesen. Gelesen habe ich also die beiden werthen Zusendungen noch nicht – nur hinein geblättert und mich darüber gefreut, daß wieder Einige demolirt[2] werden. Anderen scheint dies auch Freude zu machen – denn, sonderbarer Weise trafen in diesen Tagen von allen Seiten mit den Büchern Erwähnungen Ihrer und Ihrer Familie hier ein – Sie würden sich wundern, wie gut die Reichspolizei bestallt ist, wenn ich Ihnen von Naturforscherfesten, Geburtstagsfeiern u.s.w. in Mainz und Hallgarten erzählte. *Desor*, *Rossmäsler*, *Rödinger* sind alles Lobes und aller Anerkennung voll und ich will es mir nicht versagen, Ihnen dies mitzutheilen – wenn es gleich einer Aufmunterung auf dem betretenen Wege fortzufahren nicht bedarf. Ich wollte, eine solche von meiner Seite könnte jetzt auch noch Etwas bedeuten – aber ich bin jetzt mit Gewalt möchte ich fast sagen, aus der lebenden Natur hinaus in die Rumpelkammer der Versteinerungen geworfen worden, klopfe Steine und höre und sehe nichts mehr, so

1 vermutlich J. Moleschott 1850: *Lehre der Nahrungsmittel. Für das Volk.* Erlangen und J. Moleschott 1852: *Der Kreislauf des Lebens. Physiologische Antworten auf Liebig's Chemische Briefe.* Mainz
2 vgl. Moleschotts Kritik an Justus von Liebig in Moleschott 1852

schwirrt mir der Kopf von silurisch, lavaisch und anderem Zeug, das ich der Genfer Jugend auf Wälsch eintrichtern soll. Ich erwarte aber eine physiologische Auferstehung mit nicht minderer Sehnsucht als eine politische.
Mit herzlichstem Gruße
Ihr C. Vogt
Genf d[en] 6ten Nov[ember] [18]52.
Die Lit[erarische] Anstalt in Frankfurt ist beauftragt, Ihnen meine jüngste Mißgeburt[3] zu übersenden. Bitte sie daran zu erinnern, wenn sie säumen sollte.

Nr. 2

Vogt an Moleschott
12. 12. 1860, Bern

Verehrtester Freund!
Ich bin eben mit einer kritischen Arbeit über *Bischoff-Voits* Harnstoff-Elucubrationen[4] beschäftigt, worin ich besonders die totale Unrichtigkeit aller ihrer Rechnungen, Controll Rechnungen und Schlüsse daraus nachweise. Der Unsinn, der darin getrieben wird, ist zu toll und ich muß wohl etwas scharf sein.

Darf ich Ihnen die Arbeit für Ihr Journal[5] zuschicken? Fertig bin ich noch nicht, werde aber wohl vor Neujahr damit fertig werden. Ich habe das Journal so lange erhalten, daß ich wohl Etwas hinein liefern möchte, wozu ich wahrlich bis jetzt weder Zeit noch Gelegenheit hatte. Freilich lassen mir die Sitzungen in Bern[6] nicht viel Zeit zur Arbeit –

3 C. Vogt 1852: Bilder aus dem Thierleben. Frankfurt a. M.
4 Vogt bezieht sich auf die folgenden physiologischen Schriften von Th. Bischoff und C. Voit: 1. Th. Bischoff/C. Voit 1858: *Die Gesetze der Ernährung des Fleischfressers durch neue Untersuchungen festgestellt von Th. L. W. Bischoff und C. v. Voit.* Leipzig & Heidelberg, 2. Th. Bischoff 1853: *Der Harnstoff als Maass des Stoffwechsels.* Gießen, 3. C. Voit 1860: *Untersuchungen über den Einfluss des Kochsalzes, des Kaffee's und der Muskelbewegungen auf den Stoffwechsel. Ein Beitrag zur Feststellung des Princips von der Erhaltung der Kraft in den Organismen.* München
5 Untersuchungen zur Naturlehre des Menschen und der Thiere. hrsg. von J. Moleschott, Bd. 1–15, Gießen 1857–1892
6 Vogt war 1856–1862 Mitglied des Kantonalrates und 1856–1861 Mitglied des Schweizer Ständerates.

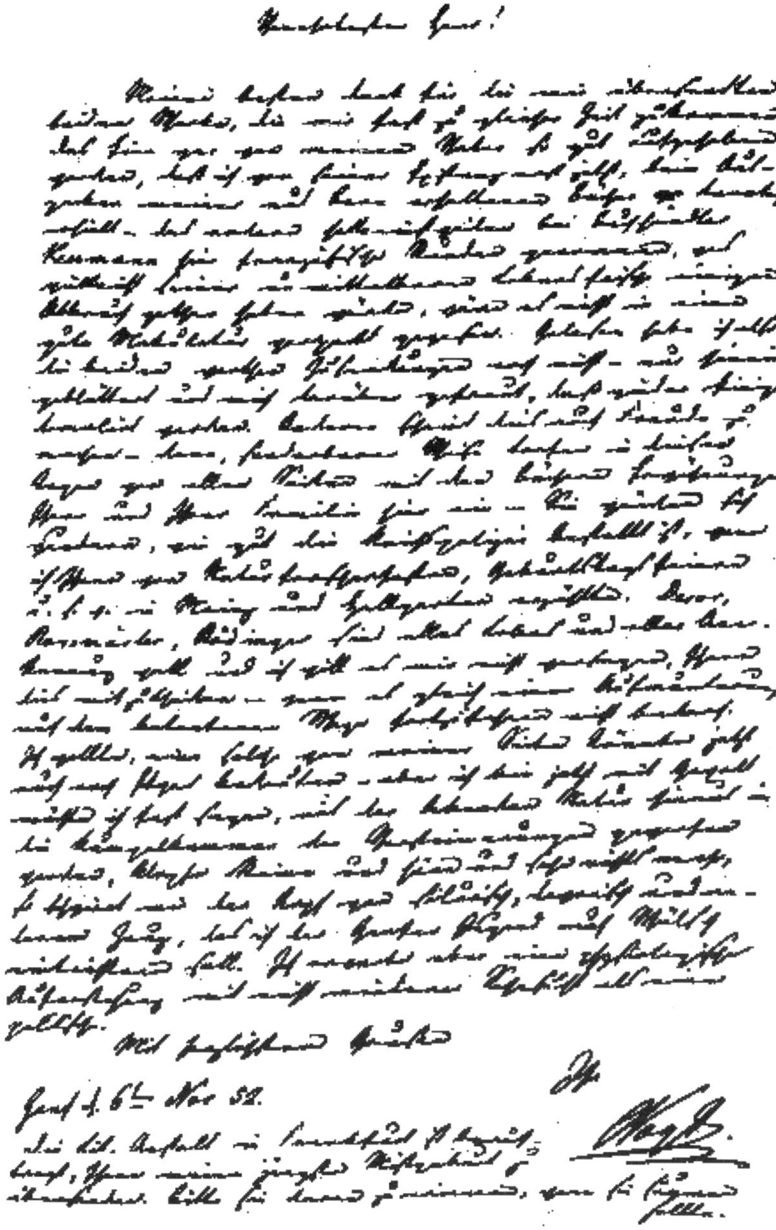

Abb. 5: Vogt an Moleschott, 6. 11. 1852

doch interessiren mich Epauletten und Uniformen nicht genug, um meine Aufmerksamkeit zu absorbiren.

Wie gesagt, die Sache wird etwas scharf sein, denn der Blödsinn, den Meister *Bischoff* zu entwickeln fähig ist, hat seine Grenze bis jetzt noch nicht gefunden. Indessen darf uns das glaube ich nicht hindern eine solche hohle Blase zum Platzen zu bringen.

Mit bestem Gruße
Ihr C. Vogt
Bern d[en] 12ten Dec[ember] [18]60.
[Stempel auf Umschlag:] Schweizerischer Ständerath

Nr. 3

Moleschott an Vogt
15. 12. 1860, Zürich

Hochgeehrter Freund,
Mit vielem Vergnügen werde ich Ihre kritischen Untersuchungen[7] über die *Bischoff-Voit*'sche Arbeit aufnehmen und freue mich darauf, Sie als Mitarbeiter an meiner Zeitschrift begrüßen zu dürfen.

Eigentlich sollen nach dem Plane der Zeitschrift rein kritische Aufsätze ausgeschlossen sein, und die *Böcker*'sche Experimentalkritik der *Lehmann*'schen Arbeit über die Sitzbäder hat mich unversehens zu einer Abweichung von diesem Plan gebracht, welche mich nöthigte, jenen beiden Denkern ein Halt zuzurufen. Ich sage Ihnen das, [2] um sie zu veranlassen, Ihren Titel so zu wählen, daß man nicht verleitet werden kann, eine Recension darin zu sehen. Jedenfalls ist eine kritische Untersuchung, wie ich sie von Ihnen erwarte, auch eine Untersuchung nur in meiner Zeitschrift durchaus an ihrem Platze. Also seien Sie mir willkommen.

7 C. Vogt: *Untersuchungen über die Absonderung des Harnstoffs und deren Verhältniss zum Stoffwechsel*, in J. Moleschott (Hrsg.): Untersuchungen zur Naturlehre des Menschen und der Thiere, Bd. 7 1861, S. 495–555, auch separat Gießen 1861

Mit aufrichtiger Hochachtung
Ihr freundschaftlich ergebener
Jac. Moleschott
Zürich, 15 December 1860.

Nr. 4

Vogt an Moleschott
25. 12. 1860, Genf

Verehrtester Freund!
Indem ich Ihnen anliegend meine Arbeit übersende, gewahre ich zu meinem Schrecken, daß sie länger geworden, als ich anfänglich beabsichtigte. Indessen wird das ja wohl kein Fehler sein und vielleicht dürfte sich gerade in Folge dieser Länge das Ding zu einem als Broschüre zu verkaufenden Extra-Abdrucke eignen, wofür ich Ihrem Verleger ganz freie Hand lasse.

Vielleicht nun finden Sie beim durchlesen, daß der Ton, in welchem die Arbeit gehalten ist, nicht zu Ihrem Journale paßt. Ich bin durchaus nicht böse darüber, wenn Sie mir dies sagen – obgleich *Valentin*, dem ich einige Abschnitte in Bern mittheilte, meinte, er kenne mich darin nicht, da zu wenig Witze darin seien. Aber wie gesagt, Jeder hat darüber seine eigene Ansicht und Sie werden am besten wissen, was Ihnen frommt.

Viel ändern könnte ich aber nicht daran. *Bischoff* ist zu sehr Rhinozeros, ja selbst hippotame, als daß man anders mit ihm umgehen könnte und Wangenstreiche greifen ihn mehr an, als Fußtritte. Kann es Ihnen also in dieser Gestalt nicht dienen, so würde ich mir das M[anus]k[ri]pt zurück erbitten, um anderweitig darüber zu disponiren und es dann wahrscheinlich als besondere Broschüre erscheinen zu lassen.

Im Falle Sie es aber behalten und entweder nur ins Journal geben oder auch Extra-Abdrücke zum Verkauf machen lassen, woran ich gar keine Ansprüche erhebe, bitte ich mir nur einige Frei-Exemplare, etwa 25 aus. Gerne würde ich auch eine Correktur besorgen – das Gedruckte nimmt sich immer anders aus, als das Geschriebene. Und da ich keine Abschrift habe sondern nur das ureigene M[anu]sk[ri]pt wie es gerade

aus dem Geiste kommt, so wird sich wohl mancher lapsus calami finden, dessen mir in der Schrift nicht gewahrt.
Mit herzlichem Glückwunsch zum neuen Jahr
Ihr C. Vogt
Genf (Pleinpalais)
d[en] 25ten Dec[ember] 1860.

Nr. 5

Moleschott an Vogt
5.1.1861, Zürich

Hochgeehrter Freund,
Nach einer Abwesenheit von 14 Tagen kehrte ich heute Nachmittag hierher zurück und fand ihr M[anu]s[kript] vor. Ich habe es sogleich gelesen und habe gegen die Schärfe des Tons nichts einzuwenden; es wandert die Abhandlung noch an diesem Abend in die Druckerei.

Nur eine Stelle giebt es, um deren Abänderung ich Sie bitten möchte: es ist die sehr gut angebrachte Geschichte den Herrn *G. R. Balser* betreffend. Handelte es sich um einen berühmten Arzt à la *Heim* oder *Hufeland*, so wäre am Ende auch der Name zur Charakteristik von Bedeutung und eben durch das sachliche Interesse würde die Persönlichkeit gedeckt. Hier aber bekommt das Geschichtchen, das durch die Anonymität kaum an Wucht verliert, etwas sehr Verletzendes, weil eine Zeit kommen kann, in der man von Balser gar nichts mehr wüßte als dieses Probestück ärztlichen Papismus. Thun Sie mir [2] daher den Gefallen, den Namen *Balsers* zu unterdrücken.

Eine Revision wird Ihnen zugehen, so wie später 36 Abdrücke, die leider das einzige Honorar bilden, welches die Zeitschrift abwirft.
Ihre freundlichen Wünsche bestens erwiedernd
Ihr hochachtungsvoll ergebener
Jac. Moleschott
Zürich, 5. Januar 1860.

Nr. 6

Vogt an Moleschott
4.3.1861, Genf

Verehrtester Freund!
Es sind nun fast drei Monate daß ich Ihnen das M[anu]sk[ri]pt gegen *Bischoff* sandte. Sie versprachen mir es sogleich in Druck zu befördern. Ich habe aber noch keinen Correkturbogen gesehen und möchte doch gerne vor Antritt meiner nordischen Reise in dieser Sommer (1. Mai – October)[8] die Probebogen zur Correktur erhalten, auch zu dem Zwecke die von Ihnen empfohlene Correktur vorzunehmen, die sich von selbst versteht und womit Sie ganz Recht haben. Darf ich bitten Ihrem Verleger einen sanften Tritt zu appliciren?
Mit vollkommener Hochachtung
Ihr C. Vogt
Genf d[en] 4ten März 1861.

Nr. 7

Moleschott an Vogt
10.3.1861, Zürich

Hochgehrter Freund,
Es ist mir selbst in hohem Grad unangenehm, daß Sie immer noch keine Revision von Ihrer Abhandlung erhalten haben, was nur zum Theil dadurch entschuldigt werden kann, daß vorher eine längere Abhandlung mit sehr vielen Zahlentabellen im Druck begriffen ist. Ich hoffte, der Satz würde trotzdem schon so weit vorgeschritten sein, daß

8 1861 unternahm Vogt mit G. Berna, H. Hasselhorst, A. Herzen und A. Greßly eine sechsmonatige Schiffsreise nach dem Nordkap. Die von dem Frankfurter Kaufmann Berna finanzierte Expedition besuchte dabei den Polarvulkan Jan Mayen und die Insel Island. Auf dieser Reise betrieb Vogt geologische und paläontologische Studien über vulkanische Erscheinungen, die Fjorde Norwegens und offene Fragen der Erdbildung. Vogts Reisebericht erschien 1863 mit einem wissenschaftlichen Anhang unter dem Titel *Nord-Fahrt, entlang der norwegischen Küste, nach dem Nordkap, den Inseln Jan Mayen und Island auf dem Schooner Joachim Heinrich unternommen während der Monate Mai bis October 1861 von Geo Berna, in Begleitung von C. Vogt, H. Hasselhorst, A. Greßly und A. Herzen.* Frankfurt a. M.

Ihnen wenigstens der erste Revisionsbogen schon vorgelegen hätte. Als ich aus den Weihnachtsferien nach Hause kam, habe ich noch an demselben Nachmittag Ihre Abhandlung gelesen und das M[anu]s[kript] zugleich mit der für Sie bestimmten Empfangsanzeige auf die Post geschickt. Heute werde ich einen [2] Mahnbrief an Herrn *Roth* abgehen lassen.

Es ist mir lieb, daß Sie bereit sind die Nennung(?) *Balser*'s an der bezeichneten Stelle fallen zu lassen.

Für die Zusendung des ersten Heftes Ihrer physiologischen Briefe[9] in neuer Auflage sage ich Ihnen meinen besten Dank. Ich habe mich sehr darüber gefreut.

Gestatten Sie mir Ihnen in diesem flüchtigen Briefe zu sagen, daß ich den schweren Verlust, der Sie kürzlich betroffen, persönlich tief empfunden habe. Es kommt schon früh ein Gefühl der Vereinsamung über uns, wenn solche Häupter, wie Ihr Vater,[10] fallen. Seine [3] persönliche Bekanntschaft, die sich nur auf zweimaliges kurzes Sehen erstreckte, hat bei mir einen unauslöschlichen Eindruck der Frische hinterlassen.

Mit freundschaftlichem Gruße
Ihr hochachtungsvoll ergebener
Jac. Moleschott
Zürich, 10 März 1861.

Nr. 8

Vogt an Moleschott
1.5.1862, Genf

Lieber Freund!
Es war mir leider unmöglich am letzten Tage meiner Anwesenheit noch bei Ihnen vorzukommen um von Ihnen u[nd] Ihrer lieben Frau Abschied zu nehmen. Ich hatte zu Vielerlei zu thun.

---

9 C. Vogt 1861: Physiologische Briefe für Gebildete aller Stände. 3. verm. u. verb. Aufl. Gießen

10 Philipp Friedrich Wilhelm Vogt (1786–2.1.1861), seit 1817 Prof. d. Medizin in Gießen, seit 1835 in Bern, 1836 Rektor der Universität Bern.

Beiliegend ein Brief von *Schiff*, den ich Ihnen ganz beifüge, obgleich einige unnöthige und an sonst nur für mich bestimmte Dinge darin sind. Ich habe heute zugleich an *Matteucci* geschrieben und ihm nur einen kurzen Auszug gegeben, worin ich ihm sage, *Schiff* sei voll geneigt zu kommen, glaube das Italiänische hinlänglich zu kennen um nach einigen Monaten dociren zu können und werde kommen wenn man ihm ein gehöriges Laboratorium und eine Stellung analog der Ihren nebst Reise-Entschädigung anbiete.

Sie mögen nun wenn Sie es für gut finden weitere Schritte bei *Matteucci* thuen, dem ich noch gesagt habe, wenn er Moleschott, *Schiff* u[nd] einige andere tüchtige Kerle in Italien habe, so werde man aus Deutschland dorthin pilgern um Physiologie u[nd] Naturwissenschaften zu studiren und werde das die Sympathien des deutschen Volkes, auf das sich Italien allein stützen könne, wesentlich fördern.

Von mir selbst habe ich *Matteucci* einstweilen gar nicht geschrieben, bleibe aber bei meiner Meinung daß ich ohne Bedenken annehmen würde wenn mir ein gehöriger Wirkungskreis an der Seeküste, wie z.B. in Neapel geboten würde. Ich meine wenn man dort ein zoologisches (vergleichend anatomisches) Laboratorium gehörig mit Aquarium etc. eingerichtet und mit betreffender Sammlung hätte, so müßte ein solches Institut ein Zielpunkt für eine Menge junger Naturforscher sein die sich jetzt überall die Gelegenheiten erst schaffen müssen, welche sie dort fänden. Wenn ich bedenke, [2] wieviel Zeit u[nd] Mühe es mich kostete, meinen *Joachim*[11] in Nizza zu dressiren und wie Mancher nachher von dieser Dressur profitirt hat, so bin ich wirklich begeistert für die Aufgabe einen Studienplatz für Seethiere zu gründen, der bisher noch gänzlich gefehlt hat.

Meiner Frau habe ich davon gesprochen – sie meint es würde ihr wohl schwer ankommen Genf zu verlassen – aber ihre Heimath sei denn doch zuerst bei ihrem Mann u[nd] ihren Kindern und am Ende werde sie sich in italienischem Land ebenso gut zurecht finden können, als bisher in französischem. Ich hoffe, daß Ihre liebe Frau dies ebenfalls sich zur Richtschnur nehmen wird und daß der wirklich bedauerliche Gemüthszustand, in dem sie sich zu meinem Leidwesen

11 ein von Vogt dressierter Delphin

befindet, doch noch der Betrachtung weichen wird, daß die Frau in dem Gedeihen ihrer Kinder die Befriedigung ihres Gemüthes, in der Wirksamkeit ihres Mannes diejenige ihres Verstandes finden muß und daß die Gegend in der man lebt doch nur ein höchst hintergründliches Element in dem Bilde des Lebens ausmacht.
Mit den besten Grüßen und herzlichem Danke für Ihre freundliche Aufnahme
Ihr C.Vogt
Genf d[en] 1ten Mai [18]62.
Welch' ungelenke Bestie *Schiff* in solchen Dingen ist, sehen Sie aus seinem Briefe, besonders aus der Stelle, wo er noch die Zinsen aus seiner Kinder Vermögen aufzählt. Ich hatte ihn danach gar nicht gefragt und geht doch wahrlich auch keinen Menschen Etwas an, ob er Vermögen oder Schulden hat, zumal da die Voraussetzung bei einem deutschen Extraordinarium für das letztere spricht.

Nr. 9

Vogt an Moleschott
9.5.1862, Genf

Lieber Freund!
Ich sende Ihnen anlegend eine Note, die ich heute auch an *Matteucci* gerichtet habe. Wenn die Leute wirklich Neues und Gutes schaffen wollen, so gebe ich ihnen dazu einen Gedanken, den ich schon seit langer Zeit verfolgt habe und der gewiß nicht nur zeitgemäß sondern auch fruchtbringend ist. Zu einer Stellung der Art würde ich mich ohne weiteres Bedenken entschließen.

M[atteucci] hat mir wegen *Schiff* geschrieben, er habe gerade keine Stelle für ihn disponibel, wolle aber eine solche in Florenz gründen. Treiben Sie ihn ein bischen, damit es nicht beim guten Willen bleibt.
Mit den besten Grüßen an Ihre l[iebe] Frau u[nd] Familie
Ihr C.Vogt
Genf d[en] 9ten Mai [18]62.

[Beigefügt ist der 4 seitige handschriftliche Text Vogts: »Note sur la création d´un Oberservatoire zoologique en Italie« vgl. Dokument Nr. 1]

Nr. 10

Vogt an Moleschott
12. 9. 1862, Genf, Karte

Lieber Moleschott!
Ihre letzte Sendung habe ich erhalten. Besten Dank dafür. Meine läßt sich erwarten, kömmt aber bald. Lassen Sie sich den Freund, der Ihnen dies überbringen wird, bestens empfohlen sein. Der Name des H. *Hillebrand* fängt zwar auch mit einem H. an, aber – abs it omen!
Mit besten Grüßen an Ihre l[iebe] Frau u[nd] Familie
Ihr C. Vogt
Genf d[en] 12ten Sept[ember] [18]62.

Nr. 11

Vogt an Moleschott
1. 11. 1862, Genf

Lieber Freund!
Herr *Aug. Rütten*, der Ihnen diese Zeilen überbringen wird, will zugleich die Güte haben, Sie mit den versprochenen zwei Meeren »Ocean und Mittelmeer«[12] zu überschwemmen. Lassen Sie sich den jungen Mann, der nicht nur als Neffe eines Verlegers, sondern auch seiner sonstigen Eigenschaften wegen alles Gute verdient, bestens empfohlen sein.

Sehr leid that es mir, Sie um einige Tage in Mainz zu verfehlen. Ich mußte leider früher fort, als ich wünschte, da bei mir zu Hause Kind und Kegel anfingen, Spital zu spielen und sich mit gastrischen Fiebern und anderem Herbstskandal abzuplagen. Jetzt ist wieder Alles auf den Beinen.

12 C. Vogt 1848: Ocean und Mittelmeer. Reisebriefe. 2 Bde. Frankfurt a. M.

Mit den besten Grüßen an Ihre liebe Frau und die Kinder
Ihr C. Vogt
Genf d[en] 1ten Nov[ember] [18]62.
Herrn Prof. Moleschott in Turin

Nr. 12

Vogt an Moleschott
10.12.1862, Genf

Lieber Freund!
Es bietet sich vielleicht eine Aussicht für Dr. *Hufschmid*, an *Schiff*'s Stelle nach Bern berufen zu werden. Ich mache heute auf ihn aufmerksam und gehe, sobald ich kann, nach Bern, um mein persönliches Ansehen dort zur Schlichtung der ziemlich widrigen Verhältnisse in die Waagschale zu legen. Darf ich Sie bitten, mir oder meinem Bruder Dr. *Adolph Vogt* in Bern oder Herrn Reg[ierungs]-Präsident *Schenk* in Bern zu schreiben und dasjenige zu sagen, was Sie zur Empfehlung des jungen Mannes sagen können? Es würde sich namentlich auch darum handeln, zu wissen, ob *H[ufschmid]* Lehrtalent besitzt und etwa schon Vorlesungen oder Stunden gegeben hat u[nd] mit welchem Erfolge?

Bei Euch in Italien geht's ja jetzt drunter und drüber. Ich bedaure, daß *Matteucci* vom Ministerium geht, wenn ich gleich froh bin, daß *Ratazzi* ab ist. Die Nachfolger werden freilich nicht besser sein.

Von *Hufschmid*'s Beäugelung weiß kein Mensch als Sie, mein Bruder und ich – vor der Hand. Lassen Sie auch jetzt Niemand wissen, was geht – besonders auch ihn selbst und *Nauwerck* nicht – die Aussicht ist noch sehr schwankend und die Verhältnisse so verwickelt, daß der geringste Quertritt die Sache zerstören kann. Ich möchte aber zur günstigen Stunde entscheidend eingreifen können.

Verzeihen Sie mein Geschmiresel – ich habe Mühe, denn ich liege als erigiler Garibaldi[13] mit einem Absceß in der Fußsohle, der gestern operirt werden mußte, auf unbequemem Schmerzenslager.

13 Guiseppe Garibaldi (1807–1882), it. Freiheitskämpfer; vereinigte 1860 Sizilien und Neapel mit Italien

Herzliche Grüße von Haus zu Haus
Ihr C. Vogt
Genf d[en] 10ten Dec[ember] [18]62.

Nr. 13

Vogt an Moleschott
8.12.1865, Bologna

Bologna d[en] 8ten Dec[ember] [18]65.
Lieber Freund!
So eben strande ich hier auf der Rückreise bei einem Etruskerschädel, den ich Morgen studiren will. Ich denke aber auch damit am Nachmittage fertig zu werden und Sonntag Nachts 2.50 hier mit dem Eilzuge abzufahren, so daß ich an demselben Tage, also am 10ten December mit dem Zuge um 10.15 Morgens in Turin eintreffe.

Hoffentlich sind Sie am Sonntag Nachmittag oder Abend auf einige Stunden frei und in Turin – wenn nicht, haben Sie wohl die Güte, mir ein paar Worte in's Hôtel Feder zu schicken, wo ich Quartier nehmen will um Montag über den Mont Cenis weiter zu fahren. Wir haben mancherlei miteinander zu besprechen.
Mit vielen Grüßen an Ihre l[iebe] Frau
Ihr C. Vogt

Nr. 14

Vogt an Moleschott
5.7.1867, Genf

Genf d[en] 5ten Juli [18]67.
Lieber Freund!
Haben Sie das neueste Bilderbuch von *Bischoff* über die menschenähnlichen Affen[14] gesehen?

14 Th. Bischoff 1867: Ueber die Verschiedenheit in der Schädelbildung des Gorilla, Chimpansé und Orang-Outang, vorzüglich nach Geschlecht und Alter, nebst einer Bemerkung über die Darwinsche Theorie. Mit zweiundzwanzig lithographirten Tafeln. München

Eines der liederlichsten Machwerke das sich denken läßt. Es findet sich dabei ein Anhang über die *Darwin*sche Theorie und den Unterschied zwischen Menschen- und Thierseele der an Stupidität Alles hinter sich läßt was noch gesagt worden ist. Natürlich mit einigen direkten Grobheiten gegen mich verbrämt.

Ich habe große Lust, besagtem Rhinozeros wieder einmal auf den Buckel zu steigen. Soll ich in Ihre Zeitschrift, wo ich ihn schon zum ersten Male platt schlug, einen Artikel schreiben, betitelt: Menschen, Affenmenschen, Affen und H. *Bischoff*? Es würde etwa einen Bogen geben, nicht mehr.

Bitte, sagen Sie mir bald Antwort und auch wann etwa der Art[ikel] erscheinen würde, im Fall Sie ihn aufnähmen. Es juckt mich in allen Fingern und lange möchte ich nicht warten.

Ihre Antwort werde ich wohl bei meiner Rückreise von einer kleinen achttägigen Tour nach Zermatt finden, die ich morgen mit meinen Jungen antrete. Hoffentlich geht es Ihnen, Frau und Kindern, wohl – ich hörte in Mainz bei Ihrer Fr[au] Schwiegermutter [2] von dem schweren Verlust, der Sie im Winter betroffen. Fr[au] *Strecker* kündigte zugleich ihren Besuch bei uns auf der Durchreise an. Bis jetzt aber haben wir umsonst auf sie gewartet. Bei uns geht Alles so weit gut – die ältesten Jungen dick in den Flegeljahren und die jüngeren bestreben sich, ihnen nachzuthun, was ihnen auch gut zu gelingen scheint.
Mit herzlichen Grüßen von Haus zu Haus
Ihr C. Vogt

Nr. 15

Moleschott an Vogt
9.7.1867, Turin

Mein lieber Vogt,
Hämmern Sie nur was Hämmerns werth ist:
»Geh! gehorche meinen Winken,
Nutze deine jungen Tage,
Lerne zeitig klüger sein:
Auf des Glückes großer Wage
Steht die Zunge selten ein;

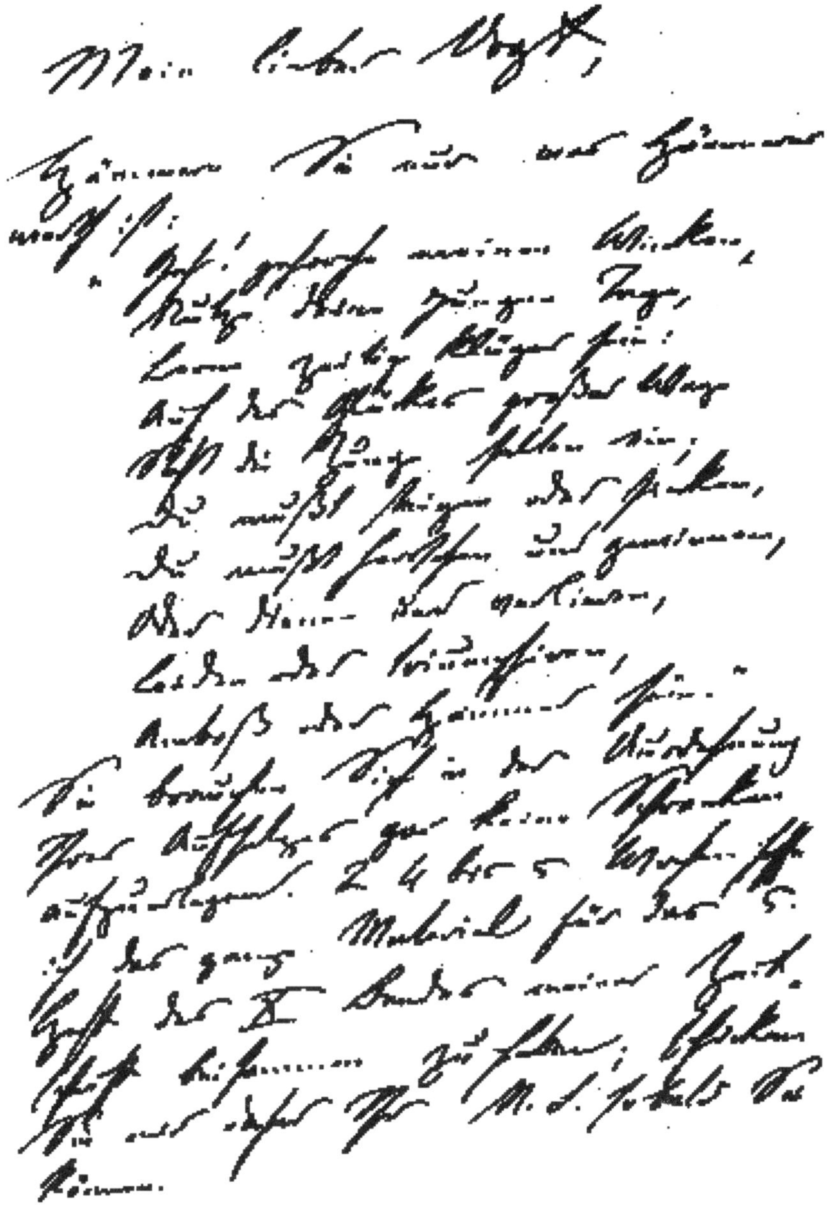

Mein lieber Vogt,

Abb. 6: Moleschott an Vogt, 9.7.1867

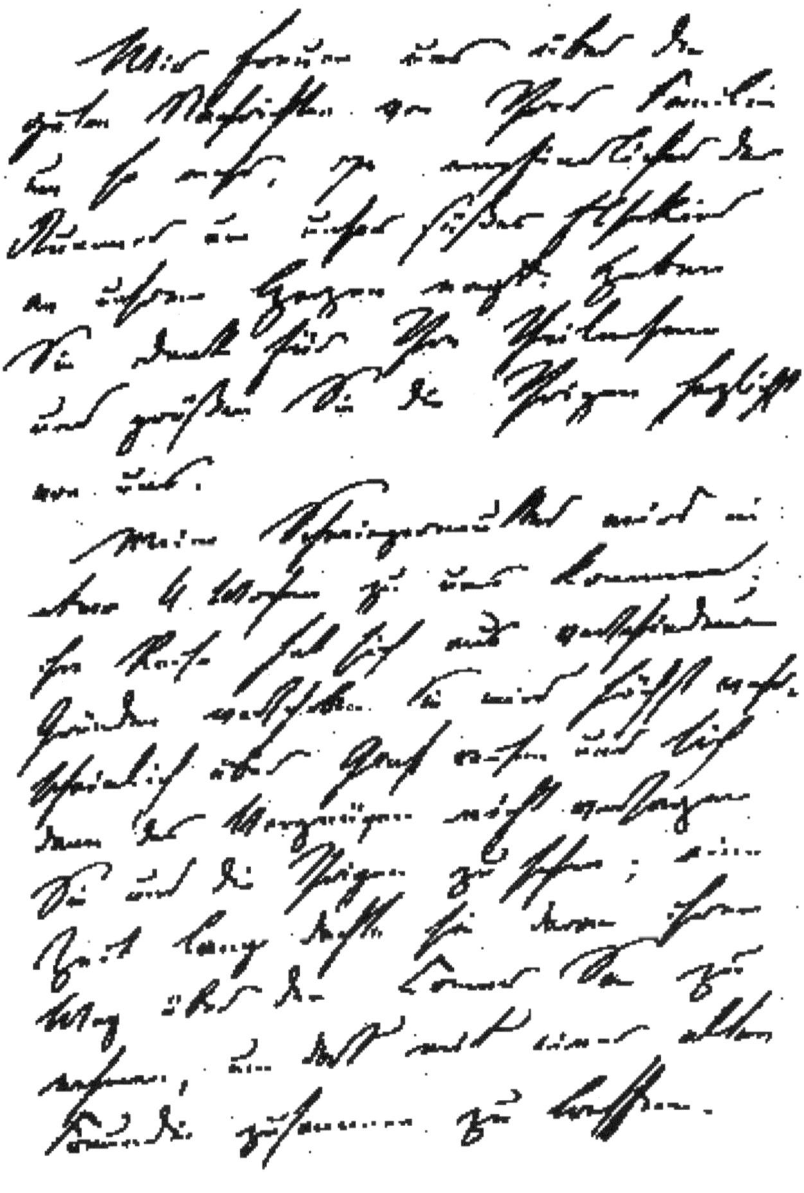

Turin
9 Oct.
1867.
Jac. Moleschott

Du mußt steigen oder sinken,
Du mußt herrschen und gewinnen,
Oder dienen und verlieren,
Leiden oder triumphiren,
Amboß oder Hammer sein.«[15]

Sie brauchen sich in der Ausdehnung Ihres Aufsatzes gar keine Schranken aufzuerlegen. In 4 bis 5 Wochen hoffe ich das ganze Material für das 5. Heft des X. Bandes meiner Zeitschrift[16] beisammen zu haben; schicken Sie mir daher Ihr M[anu]s[kript] sobald Sie können. [2]

Wir freuen uns über die guten Nachrichten von Ihrer Familie um so mehr, je empfindlicher der Kummer um unser süßes *Elsa*kind an unserem Herzen nagt. Haben Sie Dank für Ihre Theilnahme und grüßen Sie die Ihrigen herzlichst von uns. Meine Schwiegermutter wird in etwa 4 Wochen zu uns kommen; ihre Reise hat sich aus verschiedenen Gründen verschoben. Sie wird höchst wahrscheinlich über Genf reisen und sich dann das Vergnügen nicht versagen Sie und die Ihrigen zu sehen; eine Zeit lang dachte sie daran, ihren Weg über den Comer See zu nehmen, um dort mit einer alten Freundin zusammen zu treffen. [3]

Mit bekannter Gesinnung
Ihr Jac. Moleschott
Turin via Burdin 6, 9 Juli 1867.

---

15 »Kophtisches Lied« (1787/1791) von J. W. Goethe

16 Untersuchungen zur Naturlehre des Menschen und der Thiere. hrsg. von J. Moleschott, Bd. 1–15, Gießen 1857–1892

Nr. 16

Vogt an Moleschott
4. 8. 1867?, Genf

Genf 4 Aug[ust] [vermutlich 1867]
Lieber Freund!
Anliegend das Produkt,[17] das Ihre Fr[au] Schwiegermutter mitzunehmen so gütig sein will. Sie hat uns große Freude gemacht durch ihr Ausruhen bei uns und bedingen wir uns denselben Genuß aus bei der Rückreise.

Bei Ueberlesung des Aufsatzes finde ich doch daß er nicht ganz für Ihr Journal passen mag. Wenn Sie das auch finden so haben Sie die Güte, ihn an *J. Ricker* in Giessen zu schicken, der ihn dann als Broschüre drucken mag. Wenn Sie ihn aber doch wollen, so erbitte ich mir nur eine Zahl Frei-Exemplare.
Mit besten Grüßen
Ihr C. Vogt

Nr. 17

Moleschott an Vogt
undatiert [vermutlich 1867], Turin

Lieber Vogt,
Könnten Sie mir jährlich zehn solcher Aufsätze erschaffen, wie der mit meiner Schwiegermutter glücklich hier angelangte über »Menschen, Menschen-affen und Affen«, wie froh wollte ich darüber sein. Mir scheint es endlich Zeit, daß man auch in wissenschaftlichen Arbeiten dem kalten, hohlen Ton entsagt, der die Akademien so unausstehlich langweilig macht; und um einer Wahrheit, die in vielen Kreisen unliebsam ist und *bischöf*liche Gefühle verletzt, leichter Eingang zu verschaffen, ist oft der Arabesken-Schmuck ebenso wichtig wie der Kern. Ich bitte Sie daher inständig, so oft Sie ähnliches haben, mir es unbe-

17 Gemeint ist das Manuskript von C. Vogts Aufsatz *Menschen, Affen-Menschen, Affen und Prof. Th. Bischoff in München*, in J. Moleschott (Hrsg.): Untersuchungen zur Naturlehre des Menschen und der Thiere, Bd. 10 1870, S. 493–525

denklich zu senden. [2] Sie werden jederzeit 36 Frei-Exemplare erhalten – leider aber kein Honorar, weil für Niemand welches abfällt.

Meine Schwiegermutter, der der Aufenthalt in Ihrem Hause wieder so gut gefallen hat, giebt Ihnen selbst Nachricht von sich und wohl auch von uns, wie sie uns sehr eingehende von Ihnen gebracht hat. Sagen Sie allen unsere freundlichsten Grüße. Zu der kleinen Erinnerung an *De Filippi*, die ich unter Kreuzband[18] fand, lege ich, stolz auf die freundliche Bitte Ihrer lieben Frau, meine Photographie, recht herzlich um die Gegengabe bittend. Der arme *De Filippi* fehlt uns sehr; Sie werden wissen, daß *Lessona* sein Nachfolger geworden ist, und daß in Italien augenblicklich mehr an Verschmelzung als an Spaltung [3] von Lehrstühlen gedacht wird.

Ihr Jac. Moleschott
Turin via Burdin 6

Nr. 18

Moleschott an Vogt
10. 7. 1889, Rom

Lieber, herzlich verehrter Freund,
Sehr verspätet u[nd] doch nicht zu spät vernahm ich durch unseren gemeinschaftlichen Freund *Bavier*, daß man in Genf mit Wärme u[nd] Begeisterung Dein Jubiläum[19] begangen hat. Herzliche Theilnahme kommt niemals zu spät, wenn ich auch sehr bedauere, daß ich sie nicht an dem eigentlichen Festtag habe bethätigen können. Meine Frau u[nd] meine Kinder [2] vereinigen sich mit mir in den freudigsten Glückwünschen für Dich und die Deinigen. Möge der Jubeltag der Anfang einer neuen, langen und glücklichen Ära sein.

Es war mir voriges Jahr sehr leid, mich nicht an den Festen in Bologna betheiligen zu können, wo ich Dich u[nd] *Schiff* wieder gesehen hätte. Ich war mit *Elsa* in Holland u[nd] unsere Reise führte uns über Paris.

18 Streifband zur Versendung von Postsachen

19 Vogts 50jähriges Doktorjubiläum am 19. 5. 1889. Vogt wurde an der Universität Bern am 19. 5. 1839 mit der Arbeit *Zur Anatomie der Amphibien* »maxima cum laude« zum Dr. med. promoviert.

Uns geht es gut. Wir schicken alle Deiner lieben Frau u[nd] Kindern die freund[3]schaftlichsten Grüße, und wenn uns ja wieder ein Ereigniß des Vogt'schen Hauses entgehen soll, möge es da immer ein freudiges sein, wie das jüngste.
In treuer Freundschaft und Verehrung
Dein Jac. Moleschott Rom 10. Juli 1889

2.2. *Büchner – Moleschott (1855–1856)*

Nr. 19

Büchner an Moleschott
März 1855, Tübingen

Tübingen, im März 1855
Hochgeehrter Herr!
Wenn ich es wage, Ihnen anliegend mein Schriftchen über »Kraft und Stoff«[20] als ein wenn auch noch so schwaches Zeichen meiner unbegrenzten Hochachtung zu überreichen, so schöpfe ich den Muth hierzu hauptsächlich aus dem Umstand, daß es Ihre Schriften waren, welche den von mir eingehaltenen Gedankengang angeregt und geleitet haben. Je mehr ich Ihnen in dieser Hinsicht verdanke, um so lebhafter fühle ich, wie wenig ich im Stande bin, das Gefühl meiner Erkenntlichkeit in seinem ganzen Umfange gegen Sie zu bethätigen, und um so mehr füge ich meiner Schuld gegen Sie an Gewicht hinzu, indem ich Sie ersuche, meine Leistung mit Nachsicht zu beurtheilen. Genehmigen Sie nochmals den Ausdruck meiner außerordentlichen Hochachtung, mit der ich zeichne.
Dr. med. L. Büchner
Privatdoc[ent] der inneren und gerichtlichen Medicin

20 L. Büchner 1855: Kraft und Stoff. Empirisch-naturphilosophische Studien. Frankfurt a.M.

Nr. 20

Moleschott an Büchner
26. 6. 1855, Heidelberg (Auszug)

»Außer diesem Briefe« (cf. Nr. 22, der Hrsg.) »finde ich unter meinen Papieren nur noch einen zweiten, an mich gerichteten Brief Moleschotts. Derselbe ist aus Heidelberg vom 26. Juni 1855 datiert, und Moleschott bedankt sich darin sehr warm und anerkennend für die Übersendung einer der ersten Auflagen von »Kraft und Stoff«. Es heißt darin weiter wörtlich:

»Ihre Vertrautheit mit unseren philosophischen Schriftstellern von echt kritischem Geist hat mir besondere Freude gemacht, da seltsamerweise gerade die Naturforscher, die sich mit philosophischen Studien beschäftigt haben – es versteht sich, daß ich von kritischer Philosophie rede, nicht von spekulativer Naturphilosophie – sich so selten zu ganz folgerichtiger Klarheit erheben, u.s.w.« – Die zweite Auflage meines Kreislaufs,[21] von dem Sie das beiliegende Exemplar wohlwollend hinnehmen mögen, kann sich glücklich preisen, mit Ihren Hilfstruppen in das Feld zu ziehen u.s.w.« – (aus: Büchner 1900:139 f.)

Nr. 21

Büchner an Moleschott
17. 3. 1856, Darmstadt

Darmstadt, 17/III [18]56
Sehr geehrter Herr Professor!
Ich nehme mir die Freiheit, Ihnen anliegend das Manuscript eines Theiles meiner Vorrede zur vierten Auflage von »Kraft und Stoff«,[22] soweit sich dieselbe gegen *Liebig* richtet, zu übersenden, mit der Bitte, darin gefällige Einsicht nehmen zu wollen. Erlaubt es Ihre Zeit, so

21 J. Moleschott 1855: Der Kreislauf des Lebens. Physiologische Antworten auf Liebig's Chemische Briefe. 2. Aufl. Mainz

22 L. Büchner 1856: Kraft und Stoff. 4. verm. und mit einem 3. Vorwort versehene Aufl. Frankfurt a. M.

würden Sie mich unendlich verbinden, wollten Sie mir allenfallsige Bemerkungen oder vorzuschlagende Veränderungen an den Rand notiren. Der Gegenstand ist zum Theil so schwierig und die Person, gegen welche sich meine Polemik richtet, so angesehen, daß ich das Manuscript nicht dem Druck übergeben möchte, ohne vorher den Rath einer Fach-Autorität eingeholt zu haben, und wer könnte diesen Rath besser ertheilen als Sie, da Sie selbst in die Sache auf das Vollkommenste eingeweiht und sogar persönlich dabei betheiligt sind? Sollen Sie meiner Bitte willfahren, so dürfte ich wohl [2] um eine möglichst schleunige Erledigung der Sache bitten, da die Drucker auf das Manuscript warten. Mit der Bitte, meine Zudringlichkeit entschuldigen zu wollen und in der Hoffnung einer demnächstigen Rückantwort Ihr ganz ergebenster Dr. Büchner.

Nr. 22

Moleschott an Büchner
18.3.1856, Heidelberg (Auszug)

»Ihr freundliches Vertrauen trifft mich leider mitten im tollsten Trubel des Einpackens behufs der Übersiedelung nach Zürich. Trotzdem habe ich es für meine Pflicht gehalten, Ihre Vorrede gleich zu lesen, und ich wüßte nichts dagegen einzuwenden. Ich finde es namentlich richtig, daß Sie sich durch *Liebigs* hoffärtiges Benehmen nicht verführen lassen, seine wahre Größe in Frage zu stellen – aber das *ne sutor ultra crepidam*[23] gehört ihm gewiß. Nur auf Eines möchte ich Sie freundschaftlich aufmerksam machen: Vermeiden Sie ja sorgfältig den Schein, als wenn Sie irgendwie mit dem Ansehen eines anerkannten Mannes kämpfen wollten. Für Ansichten soll ja niemand ein Gewährsmann sein, *Liebig* nicht, aber auch niemand anders. Beim großen Haufen wirkt es allerdings, aber die besseren Teile der öffentlichen Welt werden leicht stutzig, wenn man ihnen zumutet, den einen Mann gegen den anderen abzuwägen. Da es sich hierbei nur um den Schein

23 Schuster geh nicht über die Sandale hinaus, d.h.: Schuster bleib' bei deinem Leisten; nach Plinius der Ältere, Naturkunde Buch XXXV 36,12

handelt, so fürchte ich nicht, von Ihnen mißverstanden zu werden, u.s.w.«
(aus: Büchner 1900:139)

Nr. 23

Büchner an Moleschott
Juni 1856, Darmstadt

Darmstadt, Juni 1856
Werther Freund!
Erst jetzt komme ich dazu, Ihnen für Ihren freundlichen Brief und die darin enthaltenen Rathschläge zu danken, indem ich zugleich ein Exemplar der gedruckten dritten Vorrede anlege. Der Druck hat sich durch eine Reise, welche ich nach Hamburg machte, und durch verschiedene andere Umstände wider Erwarten verzögert und ist erst jetzt fertig geworden; sonst würde ich Ihnen schon früher geschrieben haben. Darf ich Ihnen gestehen, daß ich Ihre in dem letzten Brief enthaltenen Andeutungen nicht ganz verstanden habe und daher auch außer Stande war, dieselben so zu benutzen, wie ich gerne gewollt hätte! [2] Hoffentlich behagen Sie sich gut an Ihrem neuen Aufenthaltsort und in Ihrer neuen Stellung; Zürich ist für meinen Geschmack liebenswürdig und im Sommer ein kleines Paris. Ich werde diesen Sommer wohl die Berner Alpen besuchen und freue mich sehr darauf.
Die freundlichsten Grüße
von Ihrem ergebensten
Dr. Büchner

2.3. *Vogt – Haeckel (1864–1870)*

Nr. 24

Vogt an Haeckel
22.8.1864, Genf

Genf d[en] 22ten Aug[ust] [1864] Mittags
Lieber Freund!
Ich erhalte Ihren von Jena 16ten Aug[ust] datirten Brief so eben erst durch die Stadtpost.

Nach Zürich konnte ich leider nicht kommen – beeile mich also Ihnen zu schreiben, daß ich bis zum 13ten Sept[ember] inclus[ive] in Genf sein, aber am 14ten mit meiner Frau über Bern nach Giessen abreisen werde um der dortigen Versammlung[24] beizuwohnen.

Sollten Sie also vor diesem Termin nach Genf kommen, so sollen Sie uns herzlich willkommen sein – doch bemerke ich noch eins.

Genf feiert vom 9ten bis 12ten Sept[ember] incl[usive] das 50jährige Vereinigungsfest mit der Schweiz und etwa 10,000 Gäste sind bis jetzt schon angesagt – Platz wird deshalb kaum zu finden sein. Probiren Sie es immerhin bei uns [.] Fallen einige der angesagten Verwandten aus so finden wir Ihnen wohl noch ein Plätzchen.
Herzliche Grüße von meiner Frau und mir. In Eile
Ihr C. Vogt
Claparède war im Frühjahre wieder einmal auf dem Tode, ist aber jetzt besser.

24 39. Versammlung der Gesellschaft Deutscher Naturforscher und Ärzte in Gießen (1864)

Nr. 25

Haeckel an Vogt
18. 10. 1864, Jena

Jena 18. October [18]64.
Verehrtester Freund!
Beifolgend erhalten Sie die versprochene Photographie, die wenigstens nicht ganz so einem Canditaten der Theologie gleicht, wie die in Genf zurückgelassene. Es scheint aber immer ein preußischer officiös verschniegelter Character in das Bild zu kommen, wenn man in Berlin sich von der Sonne porträtiren läßt. Sie werden inzwischen aus der schwülen deutschen Heimath wieder in die freie Schweizer Luft zurückgekehrt sein froh, der Gießener Naturforscher-Versimpelung[25] ledig zu sein. [2]

Ich glaube, ich habe den besten Theil erwählt, indem ich statt dessen noch einige schöne Herbsttage am Genfer See erlebte. Unsere deutsche Zukunft sieht einmal wieder recht miserabel aus und Michel hat die Nachtmütze tief über die Ohren herabgezogen. In Berlin, wo ich jetzt 3 Wochen war, taumelt Alles in Schleswig holsteinischem Sieges-Jubel[26] und preist den edlen *Bismarck* als Regenerator der königl[ich] Preußischen »Großmagd.«) Hier in Jena, wo jeder thut und sagt, was er will, und wo heute Abend (wie alljährlich am 18. October – auch zum Sonnwendfest – Johanni –) auf allen Bergen die Freiheits-Feuer flammen, kann man es noch am ersten aushalten. [3]

Nächsten Herbst hoffe ich auf mehrere Monate wieder an das Mittelmeer gehen zu können. Inzwischen arbeiten wir hier stark für

25 sicher als Hohn auf die 39. Naturforscher-Versammlung in Gießen (1864) gemeint

26 Sieg Preußens im Krieg Österreichs und Preußens gegen Dänemark, das sich im Widerspruch zum Londoner Protokoll von 1852 Schleswig-Holstein einverleiben wollte. Am 30. Oktober 1864 Friede zu Wien, in dem Dänemark die Herzogtümer Lauenburg, Holstein und Schleswig an Österreich und Preußen abtritt.

Darwin. Eine größere Arbeit darüber[27] hoffe ich bis nächstes Ostern zu beendigen.

Mit dem herzlichsten Dank für die freundliche Aufnahme in Ihrem Hause, und mit der Bitte, mich Ihrer sehr verehrten Frau Gemahlin bestens zu empfehlen,
Ihr ergebenster
E. Haeckel

Nr. 26

Vogt an Haeckel
4.7.1865, Genf

[gedruckter Briefkopf:] Présidence Institut National Genevois
Genève, le 4 Juillet 1865
Lieber Freund!
Ich habe große Lust, den Herbst und Vorwinter im südlichen Italien zuzubringen und zwar die Sache so einzutheilen 1/3 Lokomotion, Kunst und Alterthum 1/3 Meeres Zoologie 1/3 Vulkanische Geologie.

Nun steht auch Messina auf meinem Desiderien-Zettel und da Sie längere Zeit dort gewesen sind, so darf ich Ihnen wohl zwei Fragen vorlegen: Wo stellt man die Barke unter? und: Sind schon angelernte Fischer da und wie heißen sie und wie sind sie aufzutreiben?

Sonstige Notizen sind sehr willkommen.

Was wird in den Ferien aus Ihnen? Kommen Sie zu unserer Versammlung in Genf 21–24 August?[28] Ich denke fast unmittelbar nachher mich auf den Weg zu machen.

Freund *Claparède* geht es gut. Er sieht wieder vortrefflich aus und macht sich an's Arbeiten. Seit er das unselige, schwächende Régime

27 Haeckel hielt bereits im WS 1862/63 vor 25 Hörern, im WS 1865/66 vor 120 eingeschriebenen Hörern das Darwin-Kolleg »Über die *Darwin*sche Theorie von der Verwandtschaft der Organismen« (vgl. Uschmann 1959:197). 1866 erschien Haeckels wissenschaftliches Hauptwerk *Generelle Morphologie der Organismen*. Den zweiten Band *Allgemeine Entwickelungsgeschichte der Organismen* widmete er Darwin, Goethe und Lamarck, den »Begründern der Deszendenztheorie«.

28 49. Versammlung der Schweizerischen naturforschenden Gesellschaft in Genf (1865)

aufgegeben hat gehörig Beefstake ißt und ein Glas guten Wein dazu trinkt, auch seine eigenen Excremente nicht mehr mikroskopisch untersucht um sich darüber hernach schwarze Gedanken zu machen, ist er ein ganz anderer Mensch geworden.
Mit den besten Grüßen von meiner Frau und mir
Ihr C. Vogt

Nr. 27

Haeckel an Vogt
10.7.1865, Jena

Jena 10. Juli [18]65
Lieber Freund!
Mit Freude höre ich von Ihnen, daß Sie nun auch einmal das herrliche Süd-Italien kennen lernen wollen. Natur und Kunst, Thiere und Menschen, Landschaft und Meer, werden Ihnen reichen Stoff zu interessanten Betrachtungen und gewürzigen Mittheilungen[29] liefern, auf die ich mich im Voraus freue. Ich wünschte uns, ich könnte Sie begleiten. Ich hatte die Absicht, Herbst und ganzen kommenden Winter in Italien, größtentheils wieder in Messina, zuzubringen. Da ich aber inzwischen einen Ruf als Prof[essor] der Zool[ogie] nach Würzburg abgelehnt habe und statt dessen hier zum Ordinarius (mit Neugründung eines Ordinariats in der philos[ophischen] Fac[ultät]) gemacht wor-

29 Haeckel spielt auf Vogts Hang zu Humor und Satire an, der sich auch in dessen weitschweifigen Reisewerken niederschlägt. So verarbeitete Vogt in der »Seestrandstudie« *Ocean und Mittelmeer* (1848), die von Haeckel (Haeckel an W. Vogt, 8.8.1896, UBG) und Moleschott (Moleschott 1894:192) begeistert aufgenommen wurde, eine Fülle persönlicher Eindrücke: Das zweibändige Werk beschreibt die französische Atlantik- und Mittelmeerküste, die geographischen Verhältnisse beider Meere und ihre artenreiche Tierwelt. Letztere wird dem Leser anhand detaillierter Skizzen ausgewählter Spezies präsentiert. Breiten Raum widmet Vogt der zeitgenössischen Meeresbiologie. Darüber hinaus enthält die Schrift satirische Bemerkungen über die politischen Verhältnisse in Europa, Betrachtungen über den Kunstbetrieb, den physiologischen Materialismus, die Forschungs- und Bildungspolitik sowie eingehende Schilderungen von »Land und Leuten« der bereisten Gegenden. (cf. Kockerbeck 1997:54–67)

den bin,[30] so kann ich leider diesen Winter nicht fort. Dagegen werden Sie wahrscheinlich meinen trefflichen Freund *Gegenbaur* in Messina antreffen, der dort (im September und October) Fische zu untersuchen und zu sammeln gedenkt. Er beschäftigt sich jetzt ausschließlich mit Wirbelthieren. [2]

Für Ihre schöne Reise würde ich Ihnen aus eigener Erfahrung folgende Vorschläge machen (ich war 5 Monate in Neapel und Umgebung, 6 Monate in Messina, 1 Mon[at] im anderen Sicilien[31]): da Sie 1/3 für Locomotion, Kunst und Alterthum, 1/3 für vulkan[ische] Geologie, 1/3 für Meeres Zoologie bestimmt haben, Rom aber bereits kennen, so würde ich die beiden ersten 1/3 in Neapel, Catania, Palermo und Umgebung vereinigt ausführen, und zwar würde ich in minimo verwenden, auf Neapel selbst und nächste Umgebung 10–14 Tage; Vesuv 2 Tage; Pompeji 3 T[age] (dort im Hôtel Diomede übernachten); Capri 4–6 T[age] (Arco naturale!! Anacapri! Marina piccola!); Ischia 6–8 T[age] (Rundreise an der Küste sehr lohnend! Forio! Lacco! Epomeo!); Golf von Bajae 2–3 T[age] (Monte nuovo!! Solfatara! Bajae, Cap mireno! Cumae) – südlich an der Penisola Salerno und Paestum! 1 Tag), Amalfi!!! (herrlichste, mildeste Landschaft in ganz Italien! Ravello, Scala, Pantono etc, 3 T[age]. Dagegen ist viel schwächer und weniger zu empfehlen das vielgerühmte Sorrent, ebenso Navero, Carpo di Casa, Caserta (schrecklich langweilig) und Capua. [3]

In Sicilien ist eine Reise durch das Innere jetzt wohl nicht rathsam. Ich würde mich beschränken auf Palermo, Catania, Syracus, die leicht von Messina aus mit Dampfer zu erreichen sind. In Palermo mindestens 8 Tage (Butero Garten! M[onte] Pellegrino!! Monreale! Bagheria! Syracus 3 Tage (Steinbrücke, Epipolae, Fonte Cyane mit den Papyrus-Dickichten) Catania 1 T[ag] Nicolori und Etna ja noch geolog[isch] bedeutenst 2 T[age] – Meeres-Zoologie, das letzte Drittel Ihrer Reise

30 Haeckel wurde 1865 zum ersten Professor für Zoologie an der Universität Jena berufen. Die ordentliche Professur für Zoologie wurde als 11. Stelle innerhalb der Philosophischen Fakultät gegründet. Die feierliche Einführung des neuernannten Ordinarius Ernst Haeckel in den Senat erfolgte am 20.5.1865. (cf. Kraußе 1984:51)

31 Haeckel unternahm vom 28.1.1859–28.4.1860 eine ausgedehnte Italienreise und von März bis Mai 1864 eine Reise nach Villafranca und Nizza.

würde ich nur in Messina treiben, dem günstigsten Orte dafür, den ich kenne. Sie wohnen im deutschen Hôtel Victoria bei Herrn *Möller*, unmittelbar am Fischmarkt und der Marina. Aus den Fenstern haben Sie die schönste Aussicht über die ganze calabrische Küste und die Meerenge. Zu den Barkenfahrten habe ich immer den Marinar des Hôtels (Domenico) bemüht, der für die Stunde 1 Tari (3 ½ S[ilber]-g[rosche]n) oder ½ fr[anc]) erhielt. Besondere Fischer sind sonst nicht nöthig. Die Fischerknaben (»Ragazzi«) kommen, sobald sie erfahren, daß ein »Dottor pesce«[32] da ist, täglich mehreremale in Haufen gelaufen und bringen die niedlichsten pelagischen Sachen[33] in Mengen, mehr als man verarbeiten kann. [4]

Der Aufenthalt in Messina ist sonst leider ziemlich theuer. Sie dürfen 2–3 (…?) auf den Tag nehmen. Dafür ist die Existenz dort aber auch sehr bequem und angenehm. Versäumen Sie nicht, den »Anteon amare« (höchster Berg im Rücken von Messina) zu besteigen. – Wenn Sie selbst im Hafen fischen, fahren Sie namentlich nach dem »Lazaretto« und nach »Fort Salvatore«, wo gewöhnlich die dicksten Thierschwärme sich ansammeln. Weitere Notizen darüber finden Sie in meiner Monographie der Radiolarien[34] p. 170 und 171. *Claparède* besitzt sie. Stark handeln müssen Sie mit den Fischern, wie im übrigen Italien, und höchstens des geforderten Preises geben, oft 1/10. – Ich selbst werde die Herbstferien wohl in Dalmatien verbringen. Ich gehe am 10. August von hier fort, Anfang September von Triest, und werde wahrscheinlich 6 Wochen in Ragusa fischen, oder auf einer der dalmatischen Inseln. Falls jedoch die Cholera dort hinkommt, werde ich vielleicht noch am 21–24 Aug[ust] in Genf sein, dann aber in den Savoyischen Alpen wandern, und dann auf 6–8 Wochen nach Sardinien oder Corsica gehen.

Ihre liebe Frau bitte ich herzlich zu grüßen.
In treuer Ergebenheit
Ihr Haeckel

32 ugs. Bezeichnung der Bewohner italienischer Hafenorte für Meereszoologen

33 im offenen Meer lebende Organismen

34 E. Haeckel 1862: Die Radiolarien (Rhiziopoda radiaria). Eine Monographie, I: Text, II: Atlas. Berlin

An Stelle meiner schlechten Photographie sende ich Ihnen jetzt eine bessere sowie eine für Ihren Freund.

Nr. 28

Haeckel an Vogt
1. 3. 1870, Jena

Herrn Professor Carl Vogt.
Jena 1. März [18]70
Hochverehrter Herr College!
Mit wahrer Befriedigung habe ich von Ihrem vortrefflichen Projecte Kenntniß erhalten, die österreichische Regierung um Errichtung eines zoologischen Observatoriums und Laboratoriums am Meeresufer zu ersuchen. Gewiß jeder Zoologe, der längere Zeit am Meere gearbeitet hat, und besonders Jeder, der (wie wir Beide) jahrelang mit großen persönlichen Opfern, ohne alle öffentliche Unterstützung, die Untersuchung lebender Seethiere an der Meeresküste betrieben hat, wird die Errichtung derartiger öffentlicher Unterrichts-Anstalten als ein höchst dringendes Bedürfniß anerkannt haben. [2]

Die heutige Zoologie hat sich unter den Naturwissenschaften eine der ersten Rangstufen errungen, und sie verdankt dies zum größten Theile den höchst wichtigen und folgenreichen Entdeckungen, welche ihr das eingehende Studium der niederen Seethiere eingetragen hat. Die bedeutendsten Erkenntnisse für die allgemeine Biologie sind grade aus der Beobachtung jener niedersten Organismen hervorgegangen, welche nur in den Tiefen des Meeres ihr Wesen treiben. Daher muß jetzt Jeder, der wirklich mit Verständniß Zoologie treiben und lehren will, längere Zeit hindurch an der Meeresküste gearbeitet und anhaltend das mühsame Studium der niederen Seethiere betrieben haben. [3]

In England und Nordamerika, wo das Interesse der reichen und intelligenten Küstenbevölkerung durch die unmittelbare Nachbarschaft der See und ihrer mannichfaltigen Bewohner unmittelbar erweckt und lebendig erhalten wird, sind schon längst, theils aus Staatsmitteln, theils auf Kosten wohlhabender Privatleute, zoologische

Observatorien mit Aquarien, Fischerei-Einrichtungen etc. am Meeresstrande in großartigem Maßstabe angelegt worden. Bei uns in Deutschland ist davon noch keine Rede, trotzdem doch grade die deutschen Zoologen, meist mit schweren persönlichen Opfern an Mitteln und Kräften, mehr als alle anderen dazu beigetragen haben, eine gründliche und fruchtbringende Kenntniß von den Bewohnern des Meeres zu gewinnen. [4]

Die österreichische Regierung scheint von Allen dazu berufen zu sein, diesem dringenden Bedürfnisse abzuhelfen. Da die nördlichen Küsten Deutschlands ausnehmend arm an Seethieren sind, das adriatische Meer dagegen sehr reich, so ist Österreichs Küstenland die einzige deutsche Küste, an welcher überhaupt die marine Zoologie mit Erfolg betrieben werden kann. Sollte daher die österreichische Regierung auf Ihren Vorschlag eingehen, so würde sie sich wirklich ein unschätzbares Verdienst um die Förderung deutscher Wissenschaft erwerben. Mit dem herzlichen Wunsch, daß Ihr Plan in Erfüllung gehe, hochachtungsvoll
Ihr ganz ergebener
Dr. Ernst Haeckel.

Nr. 29

Vogt an Haeckel
30.4.1870, Genf

Genf d[en] 30ten April [18]70.
Lieber Freund!
Darf ich Sie um eine kleine Auskunft bitten?

Wir stecken hier mitten in Unterrichtsreformen und es wäre mir sehr erwünscht, unverzüglich einige Notizen über das Budget der Universität Jena zu haben. Ich will meine Fragen präcisiren.

1. Wieviel kostet die Universität jährlich im Ganzen?
2. Wieviel betragen die Besoldungen des lehrenden Personals?

Es wäre mir lieb, die Höhe der Besoldungen im Einzelnen zu kennen – die Namen brauche ich nicht dazu – z.B. Medicinische Fakultät No. 1 hat
No. 2 hat etc.

3. Wieviel beträgt die Zulage die ein Professor (im Jahre oder Semester) durch Honorar hat. Das kann freilich nur grosso modo angegeben werden, da es eine variable Größe ist.

4. Wieviel ordentliche u[nd] außerordentliche Professoren, also besoldete Lehrstühle, haben Sie in den Fakultäten?

5. Was kosten einige Etablissements und zwar.

a. Die Bibliothek.

b. Der botanische Garten.

c. Die Museen.

d. Zoologisches und physiologisches Laboratorium.

Ich denke Ihr Quästor, Administrator oder wie der Betreffende sonst heißen mag, sollte die mir nöthigen Ziffern in einigen Minuten zusammenstellen können. Für mich wären sie bei den jetzigen Discussionen[35] von großem Werthe.

Ihnen und *Gegenbaur* bin ich für die Unterstützung in der Aquariumsfrage außerordentlich dankbar. Vor der Hand ist indessen, wie ich einigermaßen voraus sah, die Geschichte so tief in das Wasser gefallen, daß selbst *Carpenter* mit seinem Schleppnetz und Stachelschwein[36] sie schwerlich heraus holen könnte, um so weniger, als [2] auf dem Ocean der östreichischen gemüthlichen Anachie nirgends eine Boje angebracht ist, die den Ort der Versenkung angeben könnte. Ich sagte damals *Stremayr*'n gleich, in 4 Wochen müsse die Sache beschlossen und unterschrieben sein, sonst sei sie futsch – Schade drum! Vor ein Paar Tagen sprach ich drüber mit *Plonplon* – dem geht aber der Allerwertheste dergestalt mit Grundeis gegen das Plebiscit, daß er für gar nichts Anderes Sinn hat. Wäre schön, ein Observatorium in Villafranca![37]

---

35 Vogt benötigt die erbetenen Angaben für die geplante Umwandlung der Genfer Akademie in die Universität Genf, wobei er sich insbesondere der Gründung und Organisation der medizinischen Fakultät widmete.

36 deutscher Name des englischen Wachtbootes »Porcupine«, das zur Erforschung der Tiefsee eingesetzt wurde

37 Eine zoologische Station in Villafranca wurde 1885 von Rußland gegründet.

Mit *Virchow* werde ich wohl ein kleines Sträußchen bekommen wegen seines Vortrages über Menschen- und Affenschädel.[38] Nur bin ich noch nicht ganz im Reinen wo ich die Sache abladen soll.
Mit besten Grüßen
Ihr C. Vogt
P.S. *Claparède* hat keinen guten Winter gehabt. Ich fürchte sehr für ihn.

Nr. 30

Vogt an Haeckel
4.6.1870, Genf

Genf, d[en] 4ten Juni [18]70.
Besten Dank, lieber Freund, für Ihre freundliche Zuschrift, die »gerade zur rechten Zeit« kam, wie die Geburt Christi nach der Antwort, die auf des berühmten *Palmer* in Gießen Examenfrage zu geben war. Das sind freilich erbärmliche Verhältnisse[39] – aber bei uns sind sie noch erbärmlicher und ich habe die Notizen gut ausnutzen können.

Ihre Entwicklungsgeschichte der Siphonophoren[40] habe ich bis jetzt nicht erhalten. Ebenso nicht die Nat[ürliche] Schöpfungsgeschichte II. Auflage[41]. Sobald ich beides habe, will ich einmal einen größeren Artikel über die Hochschule des Darwinismus schreiben und dabei Sie und *Gegenbaur* besprechen, am liebsten in der Neuen freien Presse

38 R. Virchow 1870: Menschen- und Affenschädel. Vortrag, gehalten am 18. Febr. 1869 im Saale des Berliner Handwerker-Vereins. Berlin

39 In seinem nicht überlieferten Antwortschreiben auf Vogts Anfrage vom 30.4.1870 schilderte Haeckel offensichtlich die völlig unzulängliche Unterbringung des zoologischen Instituts (gegr. 1865), die trotz des Umzugs vom Jenaer Stadtschloß in die ehemalige Dienstwohnung des Jenaer Botanikers Nathael Pringsheim lediglich vorübergehend verbessert werden konnte. Neben zu wenig Raum für die zoologischen Sammlungen und das Abhalten mikroskopischer Übungen mangelte es an einem Assistentenzimmer, einer Wohnung für den Famulus und einer Wasserleitung. Erst 1881 erreichte Haeckel den Bau eines neuen Institutsgebäudes, in dem der Lehr- und Forschungsbetrieb mit Beginn des Wintersemesters 1883/84 aufgenommen werden konnte. (cf. Uschmann 1959:46–63,73 ff.,136 ff.)

40 E. Haeckel 1869: Zur Entwickelungsgeschichte der Siphonophoren. Von der Utrechter Gesellschaft für Wissenschaft und Kunst gekrönte Preisschrift. Utrecht

41 E. Haeckel 1870: Natürliche Schöpfungsgeschichte. 2. verb. und verm. Aufl. Berlin

von Wien. Ich werde freilich Ihren unendlich vielen neuen Namen dabei den Krieg erklären. Auch der philosophischen Ausdrucksweise. Jetzt, wo *Moulinié* und ich heftig daran sind, *Gegenbaur*'s Anatomie[42] den Franzosen mundgerecht zu machen,[43] sehe ich recht, wie schwer es ist, den Franzosen begreiflich zu machen, daß jeder deutsche Autor jedes beliebige Wort in seinem Sinne nicht nur, sondern in 3 und 4 verschiedenen Bedeutungen benutzt, so daß man den wahren Sinn erst aus dem Zusammenhange errathen muß.

Hier meine Pläne – es wäre schön, wenn Sie uns besuchten! Es ist jetzt Platz im Hause nicht nur für den Reisenden Haeckel mit dem Ranzen, sondern auch für Professor Haeckel und Frau. Könnte es nicht sein, so wäre es schön, wenn wir uns irgendwo sonst träfen. Ich gehe vom 4ten Juli bis 4ten August auf Engstlen-Alp ab Meyringen, Canton Bern – dort bin ich nur Mensch, Maler und höchstens Steinklopfer – bleibe dann wieder in Genf bis 18 September, gehe dann nach Basel zum internationalen Congreß und dann nach Bologna zu einem ditto 1–8ter October und zwar mit der Frau – was später aus mir wird, weiß ich nicht. Kneift der Beutel, so bleibe ich ein paar Monate in Italien – Neapel oder Spezzia – aber das ist noch nicht sicher! [2]

Daß ich in Weimar war ohne nach Jena zu gehen – freilich mir zum Leidwesen, aber warum haben Sie keine Eisenbahn und ich keine Zeit? Ich sah in Berlin ein prachtvolles Bild von *Kalkreuth*, ein anderes von *Schmidt* – war in dem Augenblicke Kunstmann und beschloß einen Zwischenraumstag damit zu benutzen, daß ich beider Bekanntschaft machte. Nach Jena hätte ich auch ohne diesen Besuch nicht gehen können – ich mußte an einem bestimmten Tage anderwärts sein.

Claparède schwebt immer zwischen Tod und Auferstehung, Blutspucken und Arbeiten. Es ist wirklich ein Jammer, zu sehen, wie diese schöne geistige Kraft körperlich ruinirt ist.

Mit den besten Grüßen
Ihr C. Vogt
Prof. Haeckel Jena.

42 C. Gegenbaur 1859: Grundzüge der vergleichenden Anatomie. 2. Aufl. 1870, Leipzig

43 C. Gegenbaur 1874: Manuel d' anatomie comparée par Carl Gegenbaur. Trad. en français sur direction de Carl Vogt. Paris

Nr. 31

Vogt an Haeckel
11. 6. 1870, Genf

Genf 11. Jun[i] [18]70
Lieber Freund!
Ich muß nur schnell antworten, um einen unheilvollen Irrthum zu zerstören und mich der Grobheit anzuklagen. Morphologie[44] u[nd] Schöpfungsgeschichte[45] habe ich beide längst erhalten – ich glaubte, Sie sprächen hinsichtlich letzterer von der zweiten Auflage. Nach Entwicklungsgeschichte der Siphonophoren aber werde ich suchen – was im November und Dezember gekommen ist noch nicht sortirt. In ein paar Tagen kann ich diese Arbeit unternehmen, jetzt nicht und habe auch bisher keine Zeit dazu gehabt – es liegt noch Alles in Haufen. Jetzt muß ich aber ein paar Tage Patriot sein, Grütli-Reden halten, Aufzüge arrangiren, Eidgenossen anbrüllen, streitende Menschen versöhnen suchen – kurz des Teufels Metier treiben. Die Republik hat neben viel unangenehmen Seiten auch die ungenehme, daß sie Einen mit allen Haaren packt und nicht losläßt, sobald man einmal ihr einen Zipfel gegeben. Sie ist eben ein Frauenzimmer *et la femme*, sagt *A. Karr, est un engrenage – mettez – y le petit doigt et vous passerez tout entier.*[46]

Im August kann ich noch nicht gehen – die Geologie[47] liegt wie Blei auf mir und ich muß sie erst vom Halse haben. Aber kommen Sie nur Mitte August und dann wollen wir bei einer Tasse Kaffee und einer Cigarre Philosophie und Sprach-Purismus treiben, daß die alten

44 E. Haeckel 1866: Generelle Morphologie der Organismen. zwei Bände. Berlin
45 E. Haeckel 1870: Natürliche Schöpfungsgeschichte. 2. verb. und verm. Aufl. Berlin
46 … »und die Frau«, sagt A. Karr, »ist ein Räderwerk – halten Sie den kleinen Finger hinein, und Sie werden völlig hineingeraten«. (abgewandelt nach einem Ausspruch des französischen Schriftstellers Guy de Maupassant)
47 Vogt klagt über den erheblichen Arbeitsaufwand für die Vorbereitung der 3. Auflage des 2. Bandes seines *Lehrbuchs der Geologie und Petrefactenkunde* (1871) – laut Ernst Krause (Carus Sterne) ein »vielgelesenes Werk«, »welches … viel dazu beigetragen hat, dieses Wissensgebiet dem Laien zugänglicher zu machen und ihm zahlreiche neue Freunde zuzuführen«. (Krause 1896:184)

Bäume in meinem Garten vor Verwunderung ihr graues Haupt schütteln werden!
Mit besten Grüßen
Ihr C. Vogt
Prof. Haeckel Jena.

Nr. 32

Vogt an Haeckel
16. 6. 1870, Genf

Genf d[en] 16ten Juni [18]70
Lieber Freund!
Besten Dank für die Schöpfungsgeschichte, die ich gestern erhalten habe. Ich nehme sie mit nach Engstlen Alp nebst *Gegenbaur* und wenn es Regen gibt und Abende zum Arbeiten im Zimmer, so soll Jena als Hauptsitz des Darwinismus vorgenommen und in der Neuen fr[eien] Presse behandelt werden.

Was die Siphonophoren-Entwicklung betrifft so kann ich Ihnen jetzt mit Bestimmtheit sagen, daß ich dieselbe <u>nicht</u> erhalten habe. Es wäre recht Schade, wenn das Ex[emplar] verloren gegangen wäre – ich werde hier bei *Georg* weitere Nachforschungen anstellen – Thuen Sie dasselbe von Ihrer Seite.

Dohrn, schreibt mir *Fanny Lewald*, sei in Neapel um dort ein Aquarium zu bauen? Sie müssen mir davon erzählen, wenn Sie herkommen.
Auf baldiges Wiedersehen
Ihr C. Vogt
An Prof. Haeckel Jena.
P.S. *Gegenbaur* können Sie sagen, *Moulinié* habe schon ¼ des Werkes fertig – freilich nur in erster Lesung.

2.4. Moleschott – Haeckel (1882–1893)

Nr. 33

Moleschott an Haeckel
23.10.1882, Rom

Lieber Häckel,
haben Sie Dank für Ihren Vortrag über »die Naturanschauung von Darwin, Goethe u[nd] Lamarck.«[48] Ich habe ihn sogleich mit großer Spannung und Befriedigung gelesen.

Um so schmerzlicher ist es mir, daß meine Rede[49] Ihnen so spät zugeht. Ich hatte gleich anfangs den Wunsch, Sie Ihnen deutsch zu schicken, und durch allerlei Zufälligkeiten und Anliegen hat sich die Veröffentlichung so verzögert, daß ich auch heute nur über die Aushängebogen verfüge. Nehmen Sie sie wohlwollend auf. Ihnen, dem ächtesten Sohn *Darwin*'s, seinem [2] ersten Jünger, seinem fruchtbarsten Mitarbeiter gebührt mein erstes Exemplar, sei es wie es wolle.

Der Brief *Darwin*'s auf S. 60 ist von unberechenbarer Wichtigkeit. Also war der Mann ganz aus einem Stück.[50] So logisch nahe es liegen mußte, das anzunehmen, nicht bloß vorauszusetzen, sondern aus seiner mächtigen Gesammtdarstellung zu folgern, so wagte ich doch nicht den bloßen Zeitungen zu glauben, daß er sich so rückhaltlos

48 E. Haeckel 1882: Die Naturanschauung von Darwin, Goethe und Lamarck. Jena

49 J. Moleschott 1883: Karl Robert Darwin. Denkrede. Gießen

50 Zum Leidwesen seiner materialistischen bzw. monistischen Anhänger äußerte sich Darwin in seinen Schriften nicht, ob er die Deszendenztheorie mit der christlichen Offenbarungslehre für vereinbar halte. In seinem vor der 55. Versammlung der Gesellschaft Deutscher Naturforscher und Ärzte in Eisenach gehalten Vortrag verlas Haeckel einen Brief Darwins, in dem der greise Naturforscher drei Jahre vor seinem Tode mit seinem Stillschweigen brach. Darwin antwortete einem Jenaer Zoologiestudenten, der ihn schriftlich »um Aufklärung, besonders über seine Ansicht von der Unsterblichkeit der Seele« (Haeckel 1882:47), gebeten hatte, daß »Wissenschaft mit Christus Nichts zu thun« habe, »… ausgenommen in sofern, als die Gewöhnung an wissenschaftliche Forschung einen Mann vorsichtig macht, Beweise anzuerkennen. Was mich betrifft, so glaube ich nicht, daß jemals irgend eine Offenbarung stattgefunden hat. In Betreff … eines zukünftigen Lebens muss jedermann für sich selbst die Entscheidung treffen, zwischen widersprechenden unbestimmten Wahrscheinlichkeiten«. (Down, 5.6.1879, zitiert nach Haeckel 1882:48)

ausgesprochen. Es gehört zu Ihren unerschrockenen Thaten, daß Sie der Welt diese Urkunde gesichert haben. [3]

Zürnen Sie mir nicht, wenn ich bezüglich *Goethe*'s Stellung zur Lehre von der Wandelbarkeit der Art nicht Ihrer Meinung bin. Es ist eine technische Frage, mit der ich der großen, allgemeinen Bedeutung des Naturdichters und Naturweisen nicht zu nahe trete. »Übrigens kommt es bei einem universellen Genius, wie Göthe, viel weniger auf die Zahl u[nd] Form der einzelnen Stellen an, in denen er seine Ansicht von der »Bildung u[nd] Umbildung organischer Naturen« kund gibt, als vielmehr auf den ganzen Geist seiner großartigen, durch u[nd] durch <u>einheitlichen</u> Naturanschauung«. Hätte ich diese Stelle Ihrer S. 31 bei der Ausarbeitung meiner Rede gekannt, [4] dann würde ich sie ohne Zweifel angeführt haben, so sehr ist sie mir aus der Seele geschrieben, trotzdem daß ich in Bezug der ganz bestimmt formulirten Frage nach der Entstehung der Art, bei *Göthe* die Festigkeit der Überzeugung vermisse, die ihn, wie *Lamarck* zu einem Vorläufer *Darwin*'s stempeln würde. Er kannte das Problem, er war ein Mitarbeiter an seiner Lösung, aber gelöst war es ihm nicht. Ihnen brauche ich es nicht zu sagen, welch' unermeßliches Verdienst mir für *Göthe* aus der bloßen Fragestellung zu erwachsen scheint. Sie sind es ja überzeugt, daß mir wie Ihnen, [5] überhaupt freien und gebildeten Menschen, wie Sie und ich, unser Lieblingsdichter und -denker als eigentlicher Vater gilt, dessen Schauen so viel weiter reicht, als man es aus der Wirklichkeit, die ihn umgab, zu erschließen wagen würde.

Bei einer zweiten Auflage, die ich Ihnen wie mehrere andere von Herzen wünsche, streichen Sie in der 2. Zeile von S. 16 das Wort: schließlich, das unvermerkt aus der Feder gefallen ist.[51]

Hoffentlich geht es Ihnen und Ihrer lieben Frau recht gut. Mir ist es leid, daß ich so [6] wenig von Ihnen höre. Giebt es doch seit *Hettner*'s Tod keinen Menschen, mit dessen Anschauung und Charakterfügung ich so viel und innige Verwandtschaft fühle wie mit Ihnen.
Mit herzlichem Dank und freundlichen Wünschen
Ihr Jac. Moleschott
Rom, 23 October 1882

51 Moleschott macht lediglich auf einen stilistischen Mangel in der Rede Haeckels aufmerksam.

Nr. 34

Moleschott an Haeckel
12. 8. 1885, Rom

Hochgeehrter Herr College,
Sonntag in 8 Tagen, am 23. August, begeht die Stadt Pistoja eine Feier zu Ehren *Filippo Pacini*'s. Ich selbst habe versprochen bei der Gelegenheit dort zu reden.

Ich werde Ihnen außerordentlich verbunden sein, wenn Sie mir rechtzeitig einige Zeilen schicken wollen, in denen Sie erklären, daß Sie im Geiste der Feier beiwohnen. Ich wünsche die betreffenden Briefe berühmter Verehrer *Pacini*'s der Stadt Pistoja als Andenken zu überlassen.

Ihnen im Voraus bestens dankend, versichere ich Sie meiner aufrichtigsten Verehrung.
Ihr ergebenster
Jac. Moleschott
Rom, via Volturno 58
12 August 1885

Nr. 35

Moleschott an Haeckel
2. 1. 1886, Rom

Lieber, verehrter Freund,
Es hat mir unendlich leid gethan, daß Sie bei unserer Feier zu Ehren *Pacini*'s nicht vertreten waren. Sie wären so ganz an Ihrem Platz gewesen und es hätte die Weihe des Andenkens des vortrefflichen Forschers nicht wenig erhöht. Leider war es, als Ihr liebenswürdiger Brief hier eintraf, zu spät, um Ihren Namen wenigstens nachträglich in die Liste der Huldigenden einzutragen. Mir hat auch nachträglich Ihre Beistimmung, auf die ich sicher rechnete, große Freude gemacht. [2]

Auch dafür, daß Sie *Giordano Bruno* nicht ganz vergessen, bin ich Ihnen herzlich dankbar. Es wäre so schön bezeichnend, wenn wir ihm hier in Rom ein seiner würdiges Monument errichten könnten. Jeder kleinste Beitrag wird willkommen sein. Im Grunde genommen sind die Gaben noch wichtiger als die Gabe.

Wenn ich Ihnen nun beichte, daß ich mir seit Jahren wünsche, es möchte einmal ein beschreibender Naturforscher auf den guten Einfall kommen, eine Species nach mir zu benennen, so werden Sie be[3]greifen, daß ich an der *Staurolonche Moleschottii*[52] eine kindliche Freude habe und zu gerne meine Namenstochter einmal von Angesicht sehen möchte. Am liebsten würde ich Sie dazu einmal in Ihrem zoologischen Institut besuchen, das ich mir nach der Vignette reizend denke.

Möge es Ihnen und Ihrer lieben Frau so gut gehen, wie ich es Ihnen wünsche.

Sie wissen, daß ich, seit ich Rom bin, eine vortreffliche Tochter von 26 Jahren und einen nicht minder vortrefflichen Sohn von 28 verloren habe. Meine arme Frau geht [4] ganz gebückt über diesen Verlusten, und Sie können sich denken wie ich ihre Trauer theile.

Trotzdem habe ich unaufhaltsam gearbeitet und mich lebhaft an der internationalen Sanitätsconferenz[53] sowie an dem Congreß für criminelle Anthropologie betheiligt. Bei letzterem haben wir Sie schwer vermißt.

Im Bunde der »Romuzträger« herzlich
Ihr Freund Jac. Moleschott
Rom, 2 Januar 1885

Nr. 36

Haeckel an Moleschott
8.2.1887, Jena

[gedruckter Briefkopf:] Villa Haeckel. Jena, den 8. Febr[uar] 1887.
Lieber und hochverehrter Freund und College!
Kürzlich erhielt ich durch Deinen Gießener Verleger *Roth*, in Deinem Auftrage, den II. Band der V. Aufl[lage] Deines klassischen »Kreislauf des Lebens«[54] zugesendet. Es drängt mich, Dir dafür meinen herzlich-

52 eine erstmals von Haeckel beschriebene Medusenart
53 internationale Sanitätskonferenz in Rom (20.5.–13.6.1885) (cf. Moleschott 1885)
54 J. Moleschott 1887: Der Kreislauf des Lebens. Bd. 2, 5. verm. u. gänzl. umgearb. Aufl. Gießen

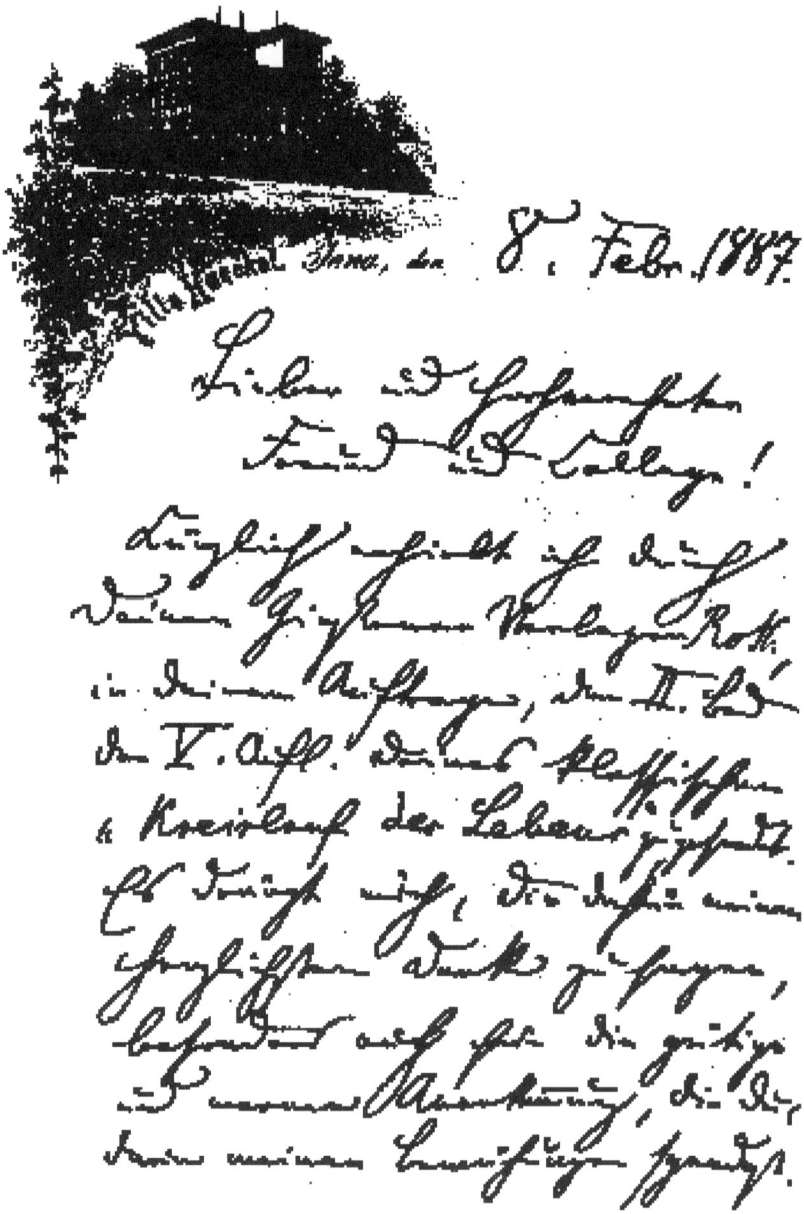

Villa Haeckel Jena, den 8. Febr. 1887.

Lieber und hochverehrter Freund und College!

[illegible] Kreislauf des Lebens [illegible]

Abb. 7: Haeckel an Moleschott, 8.2.1887

Zugleich finde ich dabei die
willkommene Veranlassung,
die meine lebhafte Freude
darüber auszudrücken, dich in
Heidelberg beim Jubiläum
der Alma mater wieder
gesehen zu haben, und zwar
als einen ehrwürdigen Veteranen der Wissenschaft,
dessen jugendliche Begeisterung
und lebenskräftige Philosophie
seinem grauen Haupte Jugend
schafft, und der Jugend ein
leuchtendes Vorbild sein kann,

Mir geht es hier gut.
Ich habe vor wenigen Tagen
die letzten Correctur-bogen
(Nr. 280!) und Tafeln (140)
der „Challenger-Radiolarien"
nach Edinburgh geschickt –
3500 neue Lebensformen
zierlichster Art, aus einer
Classe, die vor fünfzig Jahren
noch unbekannt war, und bisher
kaum 800 Arten hatte unterscheiden
lassen. Ich bin aber herzlich froh,
daß ich mit dieser mühseligen,
zehnjährigen Arbeit fertig bin
und mich wieder allgemeinen
Arbeiten zuwenden kann.

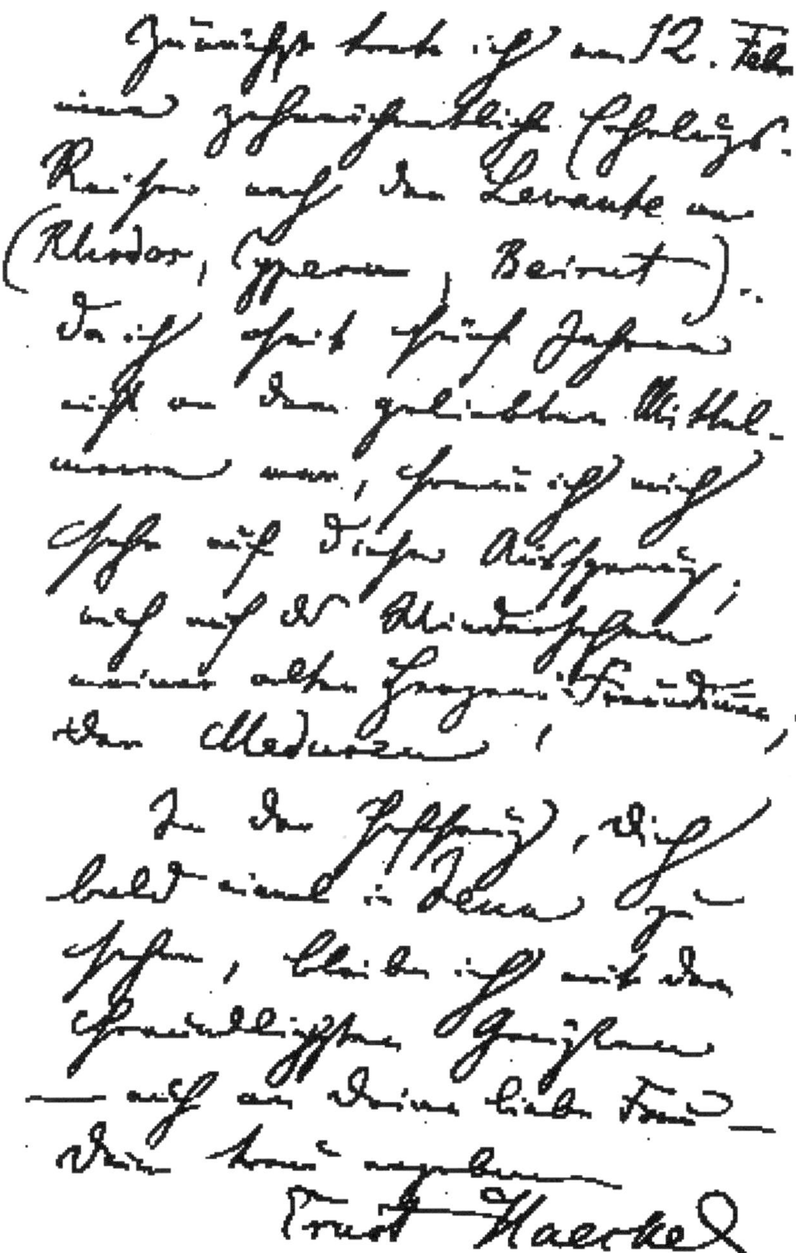

Zunächst trete ich am 12. Febr.
eine zehnwöchentliche Frühlings-
Reise nach der Levante an
(Rhodos, Cypern, Beirut).
Da ich seit fünf Jahren
nicht an dem geliebten Mittelmeere war, freue ich mich
sehr auf diese Auffrischung,
auch auf das Wiedersehen
meiner alten Jugend-Freundinnen,
der Medusen!

In der Hoffnung, Dich
bald einmal in Jena zu
sehen, bleibe ich mit den
freundlichsten Grüßen
— auch an Deine liebe Frau —
Dein treu ergebener
Ernst Haeckel

sten Dank zu sagen, besonders auch für die gütige und warme Anerkennung, die Du darin meinen Bemühungen spendest. [2]

Zugleich finde ich dabei die willkommene Veranlassung, Dir meine lebhafte Freude darüber auszudrücken, Dich in Heidelberg beim Jubilaeum der Alma mater[55] wieder gesehen zu haben, und zwar als einen ehrwürdigen Veteranen der Wissenschaft, dessen jugendliche Begeisterung und lebensfrische Theilnahme seiner grauen Haare Lügen straft, und uns Jüngeren ein leuchtendes Vorbild sein kann. [3]

Mir geht es hier gut. Ich habe vor wenigen Tagen die letzten Correctur-Bogen (Nr. 280!) und Tafeln (140) der »Challenger-Radiolarien«[56] nach Edinburgh geschickt – 3500 neue Lebensformen zierlichster Art, von einer Classe, die vor fünfzig Jahren noch unbekannt war, und bisher kaum 800 Arten hatte unterscheiden lassen. Ich bin aber sehr froh, daß ich mit dieser mühseligen, zehnjährigen Arbeit fertig bin und mich wieder allgemeineren Arbeiten zuwenden kann. [4]

Zunächst trete ich am 12. Febr[uar] eine zehnwöchentliche Erholungs-Reise nach der Levante an (Rhodos, Cypern, Beirut). Da ich seit fünf Jahren nicht an dem geliebten Mittelmeere war, freue ich mich sehr auf diese Ausspannung; auch auf das Wiedersehen meiner alten Herzens-Freundinnen, der Medusen!

In der Hoffnung, Dich bald einmal in Jena zu sehen, bleibe ich mit den freundlichsten Grüßen – auch an Deine liebe Frau –
Dein treu ergebener
Ernst Haeckel

---

55 500jähriges Jubiläum der am 18. Oktober 1386 von Kurfürst Ruprecht von der Pfalz gegründeten Universität in Heidelberg

56 Bezeichnung Haeckels für seine Monographie der Radiolarien, die 1887 unter dem Titel *Report on the Radiolaria, collected by H.M.S. Challenger.* I. Part. *Porulosa (Spumellaria and Acantharia).* II. Part. *Osculosa (Nessellaria and Phaeodaria)* erschien. Wegen seiner in England sehr geschätzten Leistungen wurde Haeckel mit der Bestimmung der in den geborgenen Tiefseeschlammproben enthaltenen Radiolarien sowie der erbeuteten Hornschwämme, Medusen und Siphonophoren beauftragt, die während der »Challenger-Expedition« (12.12.1872–25.5.1876) unter der Leitung von Sir Wyville Thomson und John Murray aus Tiefen bis zu 8800 m aus dem Atlantischen, Indischen und Pazifischen Ozean geborgen wurden.

Nr. 37

Moleschott an Haeckel
10.4.1889, Rom

Lieber Haeckel,
Laß mich meinen Dank für Deine Siphonophoren-Pracht[57] in das freie Wort zusammenfassen: ich bin stolz auf Dein Geschenk. Ich werde es aufheben als einen Schatz der Wissenschaft, der Freundschaft und einer Hochachtung die mir von keiner Seite erwünschter kommen könnte als von Dir.
Mit Kopf und Herz
Dein Freund Jac. Moleschott
Rom, 10 April 1889

Nr. 38

Moleschott an Haeckel
11.7.1889, Rom

Mein lieber Häckel,
Das wäre in der That eine schöne Überraschung gewesen, wenn wir Dich vor vier Wochen zu der *Bruno*-Feier[58] hier gesehen hätten. Aber ich sage: Überraschung mit Bewußtsein, denn ich kenne die Gattung: deutscher Universitätsprofessor, Species Haeckel, Varietät Ernesto zu gut, als daß ich mich so ohne Weiteres der Hoffnung überlassen hätte, Dich nach beziehungsweise so kurzer Frist hier wiederzusehen. Es hätte mich bei Anlaß der Einweihung von *Giordano Bruno*'s Bildsäule [2] doppelt gefreut, weil ich selber als Ehrenpresident thätig betheiligt

57 E. Haeckel 1888: Report on the Siphonophorae. London

58 Im Rahmen der »Bruno-Feier« wurde am 9.6.1889 zu Ehren des italienischen Naturphilosophen Giordano Bruno (1548–1600) auf dem Campo de Fiori eine Bildsäule eingeweiht. Die italienische Regierung unterstützte wegen ihres Konflikts mit Papst Leo XIII die Errichtung dieser symbolträchtigen Bildsäule. Sie wurde von der römischen Stadtverwaltung an der Stelle plaziert, auf der Bruno am 17. Februar 1600 lebendigen Leibes verbrannt wurde. Anläßlich des »Internationalen Freidenkerkongresses im September 1904 ließ Haeckel einen Lorbeerkranz an dem Denkmal befestigen. Das Band trug die Aufschrift: – Per la Germania – Ernesto Haeckel. (cf. Hemleben 1974:127f. und Uschmann 1984:284)

war u[nd] durch die Einleitungsworte, die ich zu sprechen hatte, zur richtigen Würdigung des Festes – denn ein solches war es – den Ton angeben konnte. Ebenso als President des Festessens. Ich weiß, daß Du warmen Antheil genommen haben würdest. Daß Du es auch aus der Ferne thun würdest, das waren wir gewiß u[nd] sind Dir sehr dankbar dafür. Wunderbar war die Ordnung u[nd]Ruhe, die sich bei so gewaltigem Menschen- u[nd] Fahnen-Zudrang nicht einen Augenblick verläugnet hat.

Der *Pabst* soll in der That die Fassung ganz verloren haben, u[nd] was ihn am meisten ärgern soll, [3] ist gerade der feierliche Ernst, der sich während so ungemein belebter Tage behauptet hat.

Hoffentlich ist Deine liebe Frau wieder ganz wohl. Wir bitten Dich sie von uns Allen zu grüßen u[nd] sie zu bitten, ihren Apostel-Gemahl, der ebenso liebenswürdig als Gemahl wie als Apostel ist, auf seiner nächsten Reise nach der ewigen Stadt zu begleiten.

Uns geht es gut – vielleicht wie Dir ohne allzu beschäftigt. Ich schreibe Dir in einer Sitzung unserer Doctorenfabrik – wir machen hier 8–10 neue Doctoren den Tag. Wir sind in einer Commission von 12–18 Examinatoren vereinigt, und es steht einem Jeden frei, [4] das Wort zu nehmen um zu prüfen. Und ich thue es fleißig, nicht bloß weil ich lebhaft bin, sondern auch u[nd] hauptsächlich weil ich es für meine Pflicht halte, physiologisches Wissen u[nd] Denken zu schüren und dem »anatomischen Denken« *Virchow*'s setze ich so gerne das physiologische Denken entgegen. Jenes ohne dieses hat wenig Bedeutung, u[nd] dieses schließt ja jenes ein.

Karl ist auf einer Geschäftsreise nach Genua.

Elsi studirt fleißig u[nd] singt mir oft Frieden und Heiterkeit ins Gemüth.

Meine Frau endlich ist munter, hält uns Allen Leib und Seele (sic!) beisammen, mit a[nderen] W[orten] hält unseren Leib beseelt, u[nd] übersetzt englische Gedichte ins Deutsche.

Laßt uns mitunter von einander hören, lieber Haeckel, u[nd] bleibe Du gewogen
Deinem Jac. Moleschott
Rom 11 Juli 1889

Nr. 39

Moleschott an Haeckel
13.11.1890, Rom

Mein lieber Häckel,
Du hat sehr richtig vorausgesetzt, daß ich an der Anerkennung – ich sage Anerkennung, denn ausgezeichnet hast Du Dich selber –, die Dir in Holland zu Theil geworden,[59] meine besondere Freude haben müßte. Meine älteste, leider verblichene Tochter *Marie* sagte mir einmal: »Papa, Du bist ein glücklicher Mensch; wenn Deutschlands Lob gesungen wird, dann fühlst Du mit; huldigt man den Verdiensten, dem Ruhme Hollands, dann pocht Dein Herz; wenn man der Schweizer Freiheit preist, dann frohlockst Du, als wenn sie Dir auch ein bischen gehörte, [2] und wenn es erst Italien gilt, dann schwebst Du in allen Himmeln.« Diesmal also freue ich mich, daß Holland sich ausgezeichnet hat, und daß meine Geburtsheimath es an Dir gethan, das freut mich um so mehr.

Ich hatte von dem, was bei der Säcularfeier der »Genostschap voor Natuur-, Geneer- en Heelkunde« vorgefallen, durch die holländischen Zeitungen im Allgemeinen Kunde, aber ich habe mit lebhaftem Beifall das Nähere durch Dich vernommen. Auch daß wir uns in *Spinoza* begegnen, ist mir sehr erwünscht. [3]

Außerdem danke ich Dir für Deine Abhandlungen[60] über Algier,[61] für welche sich die ganze Familie interessirt, und aus welchen ich mit Behagen Belehrung schöpfe. Um Deine Reiselust und Reisekunst könnte ich Dich fast beneiden, wenn ich es nicht vorzöge, mich an der 8. Auflage der Schöpfungsgeschichte[62] zu erfreuen. Bleibe Du lange mein Führer durch Zeit und Raum!

---

59 Goldene Swammerdam-Medaille der Gesellschaft für Natur- und Heilkunde Amsterdam

60 E. Haeckel 1890: *Algerische Erinnerungen.* in: Deutsche Rundschau, Bd. CXV (1890), S. 19, 216

61 Um seine »Plankton-Studien« zu einem gewissen Abschluß zu bringen, reiste Haeckel im Frühjahr 1890 nach Algerien und Tunesien. Er war von dem Verlauf der Reise »jedoch wenig befriedigt.« (cf. Uschmann 1984:213)

62 E. Haeckel 1889: Natürliche Schöpfungsgeschichte. 8. umgearb. und verm. Aufl. Berlin

Dich, als Reisenden und Hausfreund, wird es interessiren, daß mein Sohn *Karl* General-Consul des Freistaats Oranien geworden ist.

Alle die Meinigen [4] grüßen Dich freundschaftlich, und wir wünschen Dir und Deinem Hause alles Gute.

Dein warm ergebener Jac. Moleschott
Rom, 13 November 1890

Nr. 40

Haeckel an Moleschott
16.4.1893, Jena

Jena 16. April [18]93.
Lieber hochverehrter Freund!
Heute nur in Kürze die Mittheilung, daß wir Beide gestern Abend wohlbehalten in unsrem alten Heimaths-Neste an der Saale angelangt sind. Die ganze Fahrt von Rom nach Jena saßen wir gemüthlich allein in einem Coupée, [2] Dank der Mildherzigkeit mehrerer christlicher (oder samaritaner) Eisenbahn-Schaffner – und noch mehr ihrer freundlichen Absorptions Capacität für große Dosen »Bakschisch«! Deine vortreffliche (medicinische und moralische) Behandlung setzte uns in den Stand, die 26 Stunden von Rom bis München [3] – und gestern die 10 Stunden bis Jena – gut auszuhalten! Nochmals herzlichsten Dank für Deine Güte! Die versprochenen Litteralia folgen so bald als möglich! Meine Ischias wird zunächst noch mehrere Wochen absoluter Ruhe brauchen. Das Fieber ist ganz zurückgegangen; ein gewaltiger Bronchial-Catarrh in Lösung! [4] Meine Frau sendet mit mir Dir und Deinen Kindern die herzlichsten Grüße! In der Hoffnung, Dich bald einmal am Saalestrand hier bei uns zu sehen,
Dein treuer alter
Ernst Haeckel

Nr. 41

Moleschott an Haeckel
18.4.1893, Rom

Mein lieber Häckel,
habe herzlichen Dank für Deine pünktliche und schleunige Nachricht, deren Inhalt und Eigenschaften mich und die Meinigen gleichmäßig erfreuen. Hoffentlich wird Deine Ischias oder was es sonst sein möge dem Fieber rasch ins Schattenreich folgen. Gewöhnlich sind ja solche Dinge, die einen mechanischen Vorsprung hatten, leichter zu besiegen. Ich wäre sehr für eine gründliche Jodoform[2]behandlung; wenn Ihr den Geruch des Jodoforms übermäßig fürchtet, allenfalls auch innerlich, zweimal täglig 10 bis 15 Centigramm.

Ich danke Dir im Voraus für alles was Du mir schicken magst.

Das Wiedersehen mit Euch war mir eine Erquickung, wenn ich auch bessere Umstände gewünscht hätte. Die Menschen, für die sich meine Frau mit interessirt hat, sind und bleiben mir [3] die liebsten. Ich hatte viel Glück mit den Freunden, die ich ihr zuführte, und so ist sie überall dabei – auch wenn es neuen Menschen gilt, die sie verstanden haben würden.

Ich schicke Dir und Deiner lieben Frau eins ihrer kleinen Büchlein; es ist der beste Gruß, den ich Euch schicken kann, mit den Grüßen meiner Kinder.
Dein Dir von Herzen ergebener
Jac. Moleschott
Rom, 18 April 1893

[Vermerk von Haeckels Hand]: Letzter Brief von Jacob Moleschott (gestorben 20. Mai 1893, nachdem ich 6 Wochen zuvor (vom 9.–13. April) fröhliche Stunden mit ihm in Rom verlebt hatte. Jena. Ernst Haeckel

2.5. *Büchner – Haeckel (1867–1897)*

Nr. 42

Büchner an Haeckel
12. 8. 1867, Darmstadt

Herrn Professor Häckel in Jena
Darmstadt, 12 Aug[ust] 1867
Sehr geehrter Herr Professor und College!
Soeben habe ich die Lektüre Ihrer ausgezeichneten Schrift: »Generelle Morphologie der Organismen« beendigt und kann nicht umhin, am Schlusse derselben Ihnen brieflich die Freude und Genugthuung auszudrücken, mit der ich Ihren Ausführungen gefolgt bin. Besonders hat mich die Schärfe und Rücksichtslosigkeit gefreut, mit der Sie der alten Schule und den geistlosen Empirikern in Ihrer Eigenschaft als Fachmann gegenübergetreten sind. Das ist der richtige Weg, um mit dem alten Plunder aufzuräumen und der Wahrheit den Sieg zu verschaffen. Legen Sie es mir nicht als Eitelkeit oder Selbstüberschätzung aus, wenn ich mir erlaube, im Interesse der Vervollständigung ihrer historischen Zusammenstellungen Sie auf einige meiner eignen Arbeiten auf diesem Felde aufmerksam zu machen, die Ihnen unbekannt geblieben zu sein scheinen. Schon im Jahre 1855 [2], also fünf Jahre vor *Darwin* habe ich die Grundzüge der Descendenz-Theorie in meinem Buche »Kraft und Stoff« in dem Kapitel »Urzeugung« ausgesprochen, und zwar zu einer Zeit, da mir zur Unterstützung meiner Meinung fast noch keine geset[z]igen Thatsachen (mit Ausnahme der allgem[einen] Vorläufer der paläont[ologischen], embryolog[ischen] und vergl[eichend] anatom[ischen] Entwicklung) zur Seite standen und da noch fast alle eigentlichen Naturforscher entgegengesetzten Anschauungen huldigten. Auch den Grundgedanken der *Darwin*'schen Theorie selbst habe ich damit ausgesprochen, daß ich annahm, es möchten früher viele unvollkommene oder unregelmäßige Formen existirt haben, welche sich erst nach und nach in Folge ihrer Wechselwirkung mit der umgebenden Natur zu ihrer heutigen Vollkommenheit ausgebildet hätten. Dieselben Ansichtspunkte widerholte ich in detaillirterer Weise und unter spezieller Zürückweisung gemachter Einwände in meinen

1857 erschienenen Gesprächen über »Natur und Geist«[63]. Den Spezies-Begriff habe ich, ebenfalls noch vor *Darwin*, sehr bestimmt angegriffen in meinem Aufsatz: »Herr Professor Agassiz und die Materialisten« (1860) in meinen gesammelten Aufsätzen »Aus Natur und Wissenschaft«.[64] Dort habe ich den Essay on classification,[65] der, wie ich von einem seiner Herrn Assistenten [3] aus persönlicher Mittheilung weiß, später aus Anlaß meiner Schrift »Kraft und Stoff« von *Agassiz* geschrieben und mir auch von demselben zugeschickt wurde, in allen wesentlichen Punkten widerlegt. Als *Darwin*'s Buch erschien, fand ich darin zu meiner nicht geringen Freude und Überraschung die thatsächlichen, von einem eigentlichen Naturforscher gesammelten Belege für meine schon früher ausgesprochenen Ansichten, die übrigens bereits in der Schule und trotz aller gegentheiligen Versicherungen der Lehrer, in mir keimten und mich bei einer öffentlichen Feier der hiesigen polytechn[ischen] Anstalt eine Rede halten ließen, die damals schon großen Anstoß, nam[entlich] bei unserm Lehrer der Botanik erregte. Ich konnte nie begreifen, welchen wissenschaftlichen Zweck das bloße Sammeln und Beschreiben haben sollte, und hielt es für unnütz, so lange nicht der verbindende und einigende Grundgedanke gefunden sei. – Endlich erlaube ich mir noch, sie auf meine »Physiologischen Bilder« (1861)[66] und namentlich auf den Aufsatz »Die Zelle« aufmerksam zu machen, worin alle Ihre Standpunkte auf's Entschiedenste vertreten und namentlich die Nothwendigkeit philosophischer Naturbetrachtung gegenüber der geistlosen Empirie und der bloßen Sammlerthätigkeit auf das Schärfste hervorgehoben ist.

Doch nun, verehrter Herr, zu etwas Anderem, wozu [4] mir ebenfalls die Lektüre Ihrer Schrift den Gedanke eingegeben. Ich habe seit zwei Wintern in Gemeinschaft mit mehreren hiesigen Herrn einen

63 L. Büchner 1857: Natur und Geist. Gespräche zweier Freunde über den Materialismus und über die real-philosophischen Fragen der Gegenwart. Frankfurt a.M.

64 L. Büchner 1860: *Herr Professor Agassiz und die Materialisten.* in: Ludwig Büchner 1862: Aus Natur und Wissenschaft. Studien, Kritiken und Abhandlungen. Leipzig

65 L. Agassiz 1860: Contributions to the natural history of the United States of North America. First volume, part I: Essay on classification

66 L. Büchner 1861: Physiologische Bilder. Bd. 1. Leipzig

Cyklus wissensch[aft]l[icher] Vorträge hier in Darmstadt arrangirt, und zwar jedesmal mit sehr gutem Erfolg. Würden Sie sich vielleicht bereit zeigen, kommenden Winter einen dieser Vorträge zu übernehmen? Was das Thema betrifft, so könnten Sie irgend ein solches aus der Zoologie wählen und dasselbe benutzen, um Ihre allgemeinen Standpunkte daran zu entwickeln. Über die *Darwin*'sche Theorie habe ich selbst im vergangenen Winter gesprochen, wodurch also das Publikum hinlänglich vorbereitet sein dürfte. Auch das Thema der Urzeugung und der Zellenlehre ist von mir in einem Vortrag behandelt worden. Vielleicht könnten Sie über den Unterschied von Thier- und Pflanzen-Reich reden. Übrigens werden Sie das am besten selbst wissen. Was die Bedingungen betrifft, so haben wir nach Ersatz der Reise- und Aufenthaltskosten für die Auswärtigen das Übrige gewöhnlich unter die Vortragenden getheilt. Ziehen Sie es übrigens vor, eine bestimmte Forderung zu stellen, so läßt sich auch dieses arrangiren. Erhalte ich eine zustimmende Antwort von Ihnen, so lege ich den Vorschlag dem Comité vor und benachrichtige Sie seinerzeit.
Hochachtungsvoll und ergebenst
Ihr Dr. Büchner.

Nr. 43

Büchner an Haeckel
14. 8. 1868, Darmstadt

Darmstadt, 14/VIII [18]68
Hochgeehrter Herr College!
Freundlichen Dank für Ihren Brief vom 12. August, der mir viele Freude gemacht hat, da eine einzige Anerkennung von so competenter Seite schwerer wiegt, als hundert Lobhudeleien aus unberufener oder unkritischer Feder. Übrigens ist die Rolle des Bedankens eigentlich mehr an mir, als an Ihnen, da ich Ihrem vortrefflichen Buche[67] so viele Anregung und Aufklärung verdanke, die meinen »Vorlesungen«[68] auf das

67 gemeint ist Haeckels *Generelle Morphologie der Organismen* (1866)
68 L. Büchner 1868a: Sechs Vorlesungen über die Darwinsche Theorie … Leipzig

Wesentlichste zu Gute gekommen ist. Ihre beiden Schriftchen[69] sind [2] mir unter X richtig zugegangen und danke ich auch hierfür bestens. Ich habe dieselben mit größtem Interesse gelesen; auch habe ich mir erlaubt, in der soeben erscheinenden II. Auflage meiner »Vorlesungen«[70] ein- oder zweimal darauf zu verweisen. Der freundlich versprochenen Zusendung Ihrer Arbeit über Schöpfungsgeschichte[71] sehe ich natürlich mit größter Spannung entgegen und werde Ihnen nach Ihrem Wunsche mein ganz freimüthiges Urtheil darüber mittheilen.

Mit besonderem Vergnügen habe ich aus Ihrer verehrlichen Zuschrift ersehen, daß [3] Sie uns die Ehre eines Besuches hier zugedacht haben. Richten Sie sich wo möglich so ein, daß Sie einige Tage hier bleiben; des freundlichsten Empfanges von meiner Seite, sowie von Seiten meiner Familie können Sie natürlich gewiß sein. Zwar beabsichtige ich ebenfalls, Anfangs September eine kleine Reise von 8–10 Tagen in die Schweiz in Gesellschaft meiner Frau zu machen, gedenke aber bis zu Ihrer Ankunft wieder hier zu sein. Wird aus diesem Plane nichts, so gehe ich wahrscheinlich nach Dresden zur Naturforscher-Versammlung,[72] [4] und könnten wir alsdann vielleicht, falls Sie dasselbe Ziel verfolgen, von hier aus zusammen reisen.

Also in der angenehmen Erwartung Ihrer persönlichen Bekanntschaft empfiehlt sich Ihnen hochachtungsvoll
Ihr ganz ergebenster Dr. Büchner.

69 E. Haeckel 1868b: Ueber die Entstehung und den Stammbaum des Menschengeschlechts. Berlin, 1868c: *Monographie der Moneren* in: Jenaische Zeitschrift … Bd. IV (1868), H. 1

70 L. Büchner 1868b: Sechs Vorlesungen über die Darwinsche Theorie … 2. Aufl. Leipzig

71 E. Haeckel 1868a: Natürliche Schöpfungsgeschichte. Berlin

72 42. Versammlung der Gesellschaft Deutscher Naturforscher und Ärzte in Dresden (1868)

Nr. 44

Büchner an Haeckel
10. 10. 1868, Darmstadt

Darmstadt, 10/X [18]68
Hochgeehrter Herr College!
Zuerst meinen herzlichen Glückwunsch zu dem freudigen Familien-Ereigniß,[73] das mir Ihr letzter Brief anzeigte – so sehr ich auch bedauern mußte, daß mich dasselbe des Vergnügens beraubt hat, Ihre persönliche Bekanntschaft machen zu können. Zum Zweiten meinen besten Dank für Ihre Schöpfungsgeschichte.[74] Ich kann Ihnen nicht sagen, mit wie vielem Vergnügen ich dieselbe durchlesen und dabei die große Übereinstimmung unsrer bei[2]derseitigen Standpunkte bemerkt habe. Ich kann weder nach Form noch Inhalt irgend etwas daran aussetzen, und glaube auch, daß Sie den populären Ton durchaus richtig getroffen haben. Gewiß wird das Buch mächtig zum Durchbruch der richtigen Erkenntniß und des geistigen Fortschritts auch in weiteren Kreisen beitragen.

Natürlich mache ich mir ein Vergnügen und eine Pflicht daraus, das Buch in der Presse gebührend zu besprechen und [3] auf dasselbe aufmerksam zu machen – vorausgesetzt daß ich ein hierzu geeignetes und willfähriges Organ dafür finde. Sie wissen ja so gut wie ich, von welchen Ignoranten und Hohlköpfen durchschnittlich unsere Tageslitteratur geleitet ist, und wie ihnen der Zweck, ihrem Publikum zu schmeicheln und zu gefallen, höher als alles Andere und namentlich als die Wahrheit steht. Daher findet ein wirklich freies Wort in dieser Litteratur selten eine gute Statt, und habe ich es im Allgemeinen längst aufgegeben, für diese Eintagsfliegen zu arbeiten. Dagegen werde ich jedenfalls in dem 2: ten Band meiner gesammelten Aufsätze und Kritiken[75] eine ausführliche [4] kritische und referirende Besprechung ihres Buches aufnehmen.

73 Geburt des Sohnes Walter am 29. 9. 1868
74 E. Haeckel 1868a: Natürliche Schöpfungsgeschichte. Berlin
75 L. Büchner 1884: Aus Natur und Wissenschaft. Studien, Kritiken und Abhandlungen und Entgegnungen. Bd. 2. Leipzig

Vielleicht interessirt es Sie zu hören, daß ich in diesen Tagen aus Anlaß meiner »Vorlesungen«[76] einen über die Maaßen liebenswürdigen Brief von *Darwin* erhalten habe, der mir viel Freude gemacht hat.[77]

Zu der englischen Übersetzung Ihrer »Generellen Morphologie«[78] meinen herzlichen Glückwunsch! Das Buch ist natürlich zu umfangreich und zu fachgelehrt, als daß es auf einen sehr großen Leserkreis im weiteren Publikum rechnen könnte; mit Ihrer Schöpfungsgeschichte wird das anders sein.

Mit den freundlichsten
Grüßen Ihr ergebenster
Dr. Büchner.

Nr. 45

Büchner an Haeckel
14. 6. 1870, Darmstadt

Darmstadt, 14/VI [18]70
Werther Herr College!
Herzlichen Dank für die werthvolle Zusendung der II: Aufl[age] Ihrer »Schöpfungsgeschichte«[79], sowie für die früher mir zugekommenen zwei Broschüren, welche ich leider zu lesen noch nicht Zeit finden konnte, da ich über und über mit Abfassung der III: Auf[lage] meiner »Stellung des Menschen«[80] beschäftigt bin. Sobald dieselbe fertig ist, werde ich mir die Freiheit nehmen, Ihnen ein Exemplar zuzusenden, und bin sehr begierig, Ihr Urtheil darüber zu vernehmen. Ich habe

76 L. Büchner 1868: Sechs Vorlesungen über die Darwinsche Theorie ... Leipzig

77 In der Einleitung seiner Schrift *Die Abstammung des Menschen* (1872) zählt Darwin L. Büchner neben Lamarck, Wallace, Lyell, Huxley, Vogt, Lubbock, Rolle und Haeckel zu den »hervorragenden Naturforschern und Philosophen«, die bereits vor ihm »die Folgerung« gezogen haben, »... daß der Mensch ebenso wie andere Arten von einer alten, tiefstehenden, ausgestorbenen Form abstamme ...« (Darwin 1872:3)

78 Die englische Übersetzung ist nicht zustande gekommen.

79 E. Haeckel 1870: Natürliche Schöpfungsgeschichte. 2. verb. und verm. Aufl. Berlin

80 L. Büchner 1889: Die Stellung des Menschen in der Natur in Vergangenheit, Gegenwart und Zukunft. Oder: Woher kommen wir? Wer sind wir? Wohin gehen wir? 3. Aufl. Leipzig

darin, wie man zu sagen pflegt, mein ganzes Herz ausgeschüttet. Das Buch wird in 5000 Ex[emplaren] Auflage gedruckt und erscheint [2] gleichzeitig in England, Frankreich und Italien.[81] Es wird also dafür sorgen, daß – abgesehen von Ihren eignen, so erfolgreichen Schriften – Ihre großen Verdienste um die Entwicklungstheorie nicht unbekannt bleiben, und der Ausbreitung der materialistischen Philosophie, wie ich hoffe, einen nicht geringen Vorschub leisten.

Virchow's »Menschen und Affenschädel«[82] habe ich gelesen und den großen Mann bedauert, daß er solch fades Zeug schreiben konnte; es scheint, daß er sich bereits im Stadium der progressiven Metamorphose befindet. Was *J[ürgen] B[ona]* Meyer betrifft, so kenne ich seine erwähnte Schrift[83] nicht und brauche [3] sie auch nicht zu kennen, da ich den Mann und seine Richtung hinlänglich kennen gelernt habe; in 10 oder 20 Jahren wird Niemand mehr von diesen Leuten sprechen, während meine Schrift »Kraft und Stoff«, welche diesen Leuten so vieles Bauchgrimmen verursacht, noch in diesem Jahre in elfter Auflage[84] erscheinen wird. Volkes Stimme – Gottes Stimme! Die Wahrheit kann warten; schließlich wird sie auf immer den Sieg davontragen.

Habe ich nicht vielleicht dieses Jahr einmal das Vergnügen, Sie hier zu sehen?

Hochachtungsvoll und herzlich grüßend
Ihr ergebenster Dr. Büchner.

---

81 [engl.] New York: Eckler 1894, [frz.] Paris: Reinwald 1885

82 R. Virchow 1870: Menschen- und Affenschädel. Vortrag, gehalten am 18. Febr. 1869 im Saale des Berliner Handwerker-Vereins. Berlin

83 vermutlich »Kraft und Stoff, Zweck und Ursache«, in: J. B. Meyer 1870: Philosophische Zeitfragen. Bonn

84 L. Büchner 1870: Kraft und Stoff. 11. Aufl. Leipzig

Nr. 46

Büchner an Haeckel
24. 11. 1874, ohne Ortsangabe

Herrn Prof. E[rnst] Häckel, Jena
24/XI [18]74
Werther Herr College!
Wenn ich nicht falsch unterrichtet bin, so sind Sie auch bei Gründung und Fortsetzung der Jenaischen Litt[eratur] Zeitung betheiligt, welche sich die Pflege einer gerechten und vorurtheilsfreien Kritik zur Aufgabe gesetzt hat. Nun findet sich in der N[ummer] 45 dieser Zeitung ein gegen mich gerichteter Schimpf-Artikel aus der Feder eines jungen protestantischen Geistlichen,[85] welchem die Redaktion unbegreiflicher Weise mein Schriftchen über den Gottesbegriff[86] zur Recension übergeben [2] hat. Einliegend finden Sie eine kurze Erwiderung meinerseits, welche ich Sie bitten möchte, der Redaktion zur Aufnahme zu empfehlen. Finden Sie dabei einen Anstand, so schließen Sie einfach das Couvert und geben es gefälligst zur Stadt-Post.

Da ich mich nicht besinnen kann, ob ich Ihnen seinerzeit ein Exemplar genannter Schrift zugesandt habe, so lege ich Ihnen ein solches mit Anstreichung der entscheidenden Stelle bei, woraus Sie sich mit Leichtigkeit von der perfiden Entstellung des Sachver[3]halts durch den Diener Christi überzeugen können. Sie machen es übrigens Alle so!

Ihre Anthropogenie[87] habe ich erhalten und danke bestens dafür. Eine ausführliche Besprechung behalte ich mir für den zweiten Band meiner »Gesammelten Aufsätze aus Natur und Wissenschaft«[88] vor. Ich

---

85 W. Bender 1874: *L. Büchner, der Gottesbegriff und dessen Bedeutung in der Gegenwart. Ein allgemein-verständlicher Vortrag.* in: Jenaer Literaturzeitung, im Auftrag der Universität Jena hrsg. von Anton Klette, Nr. 45 (1874), 7. 11., S. 697–698

86 L. Büchner 1874: Der Gottesbegriff und dessen Bedeutung in der Gegenwart. Leipzig

87 E. Haeckel 1874: Anthropogenie oder Entwickelungsgeschichte des Menschen. Leipzig

88 L. Büchner 1884: Aus Natur und Wissenschaft. Bd. 2. Leipzig

sandte Ihnen dagegen »Natur und Geist«, 3te Aufl[age],[89] welches Sie wohl erhalten haben werden.

Ich bin gegenwärtig wieder der allgemeine Sündenbock für Alles, was Materialismus, Darwinismus usw. verschuldet haben. Jeder glaubt an mir ungestraft sein [3] Müthchen kühlen zu dürfen. Doch werde ich nächstens einmal »schreckliche Musterung halten«.

Meine Frau, welche im Laufe dieses Sommers eine sehr schwere Krankheit durchgemacht hat, die sie mehreremale an den Rand des Grabes brachte, aber jetzt wiederhergestellt ist, läßt Sie herzlich grüßen.

Hochachtungsvoll und mit den herzlichsten Grüßen
Ihr ergebenster Dr. L. Büchner.

Nr. 47

Büchner an Haeckel
29. 11. 1874, ohne Ortsangabe

29/XI [18]74
Werthester Herr College!
Herzlichen Dank für die schnelle Beantwortung meines Schreibens und die Mühe, welche Sie sich in meinem Interesse gegeben haben. Ich habe nun, Ihrer Anweisung folgend, direkt und in etwas veränderter Weise an Herrn Prof. *Schrader* geschrieben; und wenn Herr Prof. *Klette* Etwas in der Sache thun kann, so werde ich ihm sehr dankbar dafür sein. [2] Ihr Princip – Bezug auf derartige Angriffe ist im Allgemeinen auch das meinige; nur haben Sie vor mir durch Ihre Stellung als Professor und Fachmann einen ungeheuren Vortheil voraus. Man schuldet und gewährt Ihnen überall eine bestimmte Rücksicht, während man mich, der ich ohne jeden Rückhalt ganz allein auf mir selbst stehe, wie einen bösen Jungen behandeln zu dürfen glaubt; ich bin wie ein Wild, das Jeder überall jagen darf. Auch glaube ich die Erfahrung [3] gemacht zu haben, daß auch das Schweigen persönlichen Angriffen gegenüber, wie ich es nun seit acht bis zehn Jahren geübt habe,

89 L. Büchner 1874: Natur und Geist. 2. Aufl. Irrtum des Autors

übertrieben werden und sehr bestimmte Nachtheile haben kann. Die frechen Lügen werden von dem urtheilslosen Publikum, wenn sie ihm immer wieder aufgetischt werden, allmählig geglaubt. Ich lasse mir jede, noch so schwere Kritik sehr gerne gefallen; nur das Lügen ist mir in der Seele zuwider. Darin sind aber Journalisten und Pfaffen Meister!

Meine Frau läßt für Ihre Grüße herzlich danken.

Mit freundlichster Empfehlung Ihr
ergebenster Dr. Büchner.

Nr. 48

Büchner an Haeckel
30.3.1875, ohne Ortsangabe

30 III [18]75
Werther Herr College!
Erst in diesen Tagen konnte ich dazu gelangen, Ihre mir freundlichst übersandte Schrift »Anthropogenie«[90] zu lesen, und kann nicht umhin, Ihnen meinen Dank für den hohen geistigen Genuß auszusprechen, den Sie mir damit bereitet haben. Je mehr wir nun in allem Wesentlichen übereinstimmen, um so weniger werden Sie es, wie ich hoffe, übel aufnehmen, wenn ich mir erlaube, Sie im Interesse der Sache auf zwei Punkte aufmerksam zu machen, die vielleicht bei Gelegenheit einer erneuten Auflage einer Verbesserung oder Aende[2]rung fähig wären.

Erstens geben Sie noch die Abbildung des Gorilla nach der ersten, vor vielleicht 15 Jahren in Europa bekannt gewordenen Skizze des berühmten, in Emden lebenden Thiermalers *Wolf*.[91] Das Original die-

90 E. Haeckel 1874: Anthropogenie oder Entwickelungsgeschichte des Menschen. Leipzig

91 vgl. die handkolorierte Lithographie eines adulten Gorilla von J. Wolf in: *Transactions of the Zoological society of London*, Vol 5. 1851–65. Wolfs Skizze eines Gorilla aus der Sammlung M. du Chaillus, der als erster diesen Primaten in Europa bekannt machte, unterlag nicht der zeitgenössischen Mode, illustrierte Affen als Menschen erscheinen zu lassen. (cf. Dance 1974:162) Von geringfügigen Modifikationen abgesehen, bildete Haeckel noch in der 3. umgearb. Aufl. dieses Werkes den Gorilla nach dem Vorbild der 1. Aufl. ab (cf. Abb. 8), während die Wiedergabe des Orang nunmehr in Form einer naturgetreuen lebensechten Tierskizze erfolgte.

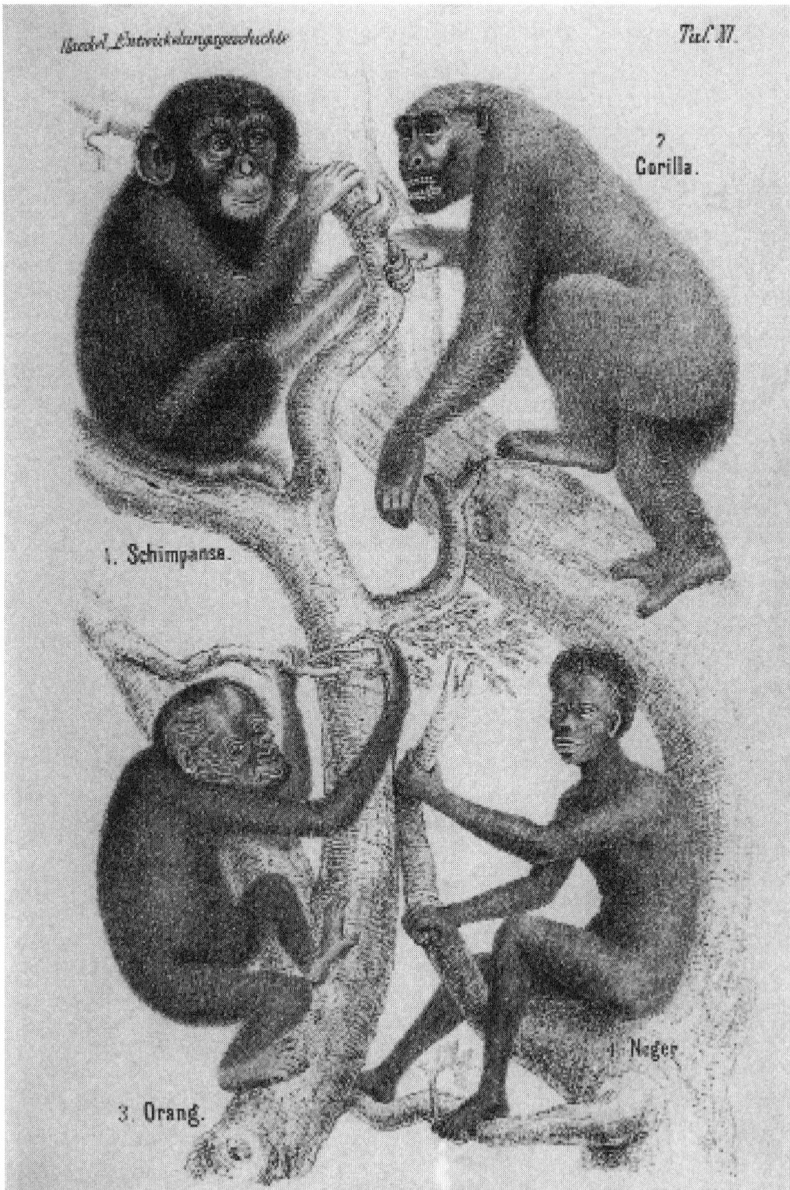

Abb. 8: Tafel Tafel XI, in: Haeckel 1874

ser Skizze, von welcher fast alle Abbildungen des lebenden Gorilla stammen, ist in meinem Besitze. *Wolf* hat sie mir bei meiner Anwesenheit in Emden vor vielen Jahren geschenkt und dabei bemerkt, daß sie unvollkommen und zum Theil unrichtig sei, da ihm damals nur ein in Spiritus nach Emden gebrachter Cadaver zur Verfügung gestanden habe. Eine bessere, mir bekannte Abbildung enthält die vortreffliche Ab[3]handlung über den Gorilla von Dr. *Meyer* in Offenbach. Wenn sie dieselbe nicht kennen oder in Jena nicht erhalten können, so stelle ich sie Ihnen zur zeitweiligen Benutzung zur Verfügung.

Zweitens sagen Sie auf Seite 707, daß die materialistische Weltanschauung den Stoff früher als die Kraft da sein lasse, daß nachehr der Stoff die Kraft geschaffen habe. Dieses hat meines Wissens noch kein neuerer Materialist behauptet; es wäre zu unsinnig. Ich speziell habe nie etwas anderes, als die Einheit und Unzertrennlichkeit von Kraft und Stoff behauptet, habe daher auch Anfangs die Bezeichnung »Materialismus«, welche eine ganz einseitige Vorstellung weckt, nie für meine Richtung gebraucht und sie nur nothgedrungen später [4] hier und da acceptirt, weil das große Publikum kein anderes Wort für die ganze Richtung kannte und dasselbe alles Einspruch's ungeachtet fortwährend gebrauchte, so daß man sich ohne das Wort gar nicht mit ihm verständigen konnte und es theilweise noch bis auf den heutigen Tag nicht kann. Die von Ihnen vorgeschlagene Bezeichnung »Monismus« ist zwar an sich sehr gut; es fragt sich aber sehr, ob sie bei dem großen Publikum dauernd Eingang gewinnen wird. Könnten Sie in einer neuen Auflage Einiges zur Aufklärung dieser Mißverständnisse sagen, so würde dieses sehr gut wirken.

Die von *Schrader* gegebene Berichtigung in der Jenaer Litteratur-Zeitung bezüglich meiner Schrift über den Gottesbegriff[92] war so armselig, daß sie besser ganz unterblieben wäre. Aber was kann man von diesen Leuten anderes erwarten?

Beste Grüße von Ihrem ergebensten Dr. Büchner.

92 L. Büchner 1874: Der Gottesbegriff und dessen Bedeutung in der Gegenwart. Leipzig

Nr. 49

Büchner an Haeckel
26.11.1875, Darmstadt

Darmstadt, 26/XI [18]75
Werther Herr College!
Mit bestem Dank zeige ich Ihnen den richtigen Empfang Ihres Schriftchens über Ziele und Wege der neuesten Entwicklungsgeschichte[93] an, und kann Ihnen nicht sagen, mit welchem Vergnügen ich dasselbe durchgelesen habe. Das ist der richtige Weg, um die gelehrten Zöpfe abzuschneiden! Aber man sieht daran wieder recht deutlich, mit welchen Schwierig[2]keiten und Vorurtheilen selbst so klare und einfache Wahrheiten, wie diejenigen der Entwicklungsgeschichte, zu kämpfen haben, und wie wenig selbst die eingehendsten Spezialstudien den einzelnen Forscher befähigen oder berechtigen, ein Urtheil über das Gesammtgebiet der Wissenschaft abzugeben. Ich sehe in dem übertriebenen Respekt, welchen das große Publikum vor diesen sog[enannten] exacten Naturforschern hegt oder heuchelt, eines der größten Hindernisse [3] des geistigen Fortschritts.

Meine »Physiologischen Bilder«, II. Theil,[94] sowie die Schrift von *Meyer* über den Gorilla[95], welche beiden Bücher ich Ihnen unter X sandte, werden Sie wohl erhalten haben. Sollte es nicht der Fall sein, so bitte ich um gefällige Benachrichtigung.

Meine Frau läßt Sich Ihnen herzlich empfehlen.
Hochachtungsvoll Ihr ergebenster Dr. L. Büchner

93 E. Haeckel 1875: Ziele und Wege der heutigen Entwicklungsgeschichte. Jena
94 L. Büchner 1875: Physiologische Bilder. Bd. 2. Leipzig
95 nicht zu ermitteln

Nr. 50

Büchner an Haeckel
21.10.1878, Darmstadt

Darmstadt, 21/X [18]78
Geehrter Herr College!
Erst heute konnte ich dazu kommen, Ihre interessante Schrift »Freie Wissenschaft und freie Lehre«[96] zu lesen und kann nicht umhin, Ihnen mit wenigen Zeilen für den großen Genuß zu danken, den Sie mir und wohl allen frei Denkenden damit bereitet haben. Sie haben *Virchow* in einer Weise entlarvt und auf's Haupt geschlagen, die ihn beinahe für die Zukunft unmöglich macht. Ich glaube, sein ganzer Groll gegen die Des[2]cendenz-Theorie rührt daher, daß er sie nicht entdeckt hat. Ihre Polemik gegen *du Bois-Reymond* hat mich um so mehr interessirt, als sie in ihren Grundzügen ganz mit dem übereinstimmt, was ich in dem zweiten Bande meiner »Physiologischen Bilder«[97] (S.190 u[nd] f[o]lg[en]d[e]) gegen dessen Ignorabimus-Theorie[98] gesagt habe. Sollte Ihnen die Stelle nicht bekannt sein, so erlaube ich mir, Sie darauf aufmerksam zu machen. Der einzige Punkt, in welchem ich nicht mit Ihnen übereinstimme, bezieht sich auf Abschnitt VI, [3] wie Sie sich ja, wenn Sie meine Schrift über den Menschen[99] (III: Abschnitt) gelesen haben, leicht denken können. Denn Erstens lassen sich die Erfahrungen über den Kampf ums Dasein aus der Pflanzen- und Thierwelt nicht ohne Weiteres auf den Menschen anwenden, da hier durchaus nicht immer die Besten, sondern sehr häufig die Schlechtesten obsiegen, und da Zufall, Geburt, Reichthum, gesellschaftliche Stellung usw. schon von Vornherein eine unter allen Umständen bevorzugte Kaste schaffen, ohne daß Recht oder Verdienst mit im Spiel wären; Zweitens ist es gerade Aufgabe des Menschen und ächten

96 E. Haeckel 1878: Freie Wissenschaft und freie Lehre. Eine Entgegnung auf Rudolf Virchow's Münchener Rede über »Die Freiheit der Wissenschaft im modernen Staat«. Stuttgart
97 L. Büchner 1875: Physiologische Bilder. Bd. 2. Leipzig
98 vgl. E. du Bois-Reymond 1872: Über die Grenzen des Naturerkennens. in: Wollgast 1974: 54–77
99 L. Büchner 1869: Die Stellung des Menschen in der Natur. … Leipzig

Menschlichkeit, die Härten und Ungerechtigkeiten, welche mit dem natürlichen [4] Kampfe um's Dasein nothwendig verbunden sind, durch künstliche Veranstaltungen möglichst auszugleichen oder aus der Welt zu schaffen, wie dieses ja auch thatsächlich bereits so vielfach geschieht. Ich glaube, daß Sie mir bei einigem Nachdenken über den Gegenstand wenigstens theilweise zustimmen werden.

Einliegend finden Sie einen Aufsatz von *K[arl] Vogt* aus der N[euen] fr[eien] Presse,[100] der Sie gewiß sehr interessiren wird, vorausgesetzt, daß Sie ihn nicht bereits kennen.

Mit collegialischem Gruß und mit dem aufrichtigen Wunsch, daß Sie zum Heile der Wissenschaft und der freien Forschung noch recht lange die Barke führen mögen,
Ihr ergebenster
Prof. Büchner

Nr. 51

Büchner an Haeckel
28.10.1882, Darmstadt

Darmstadt, 28/X [18]82
Hochgeehrter Herr College!
Einliegend erlaube ich mir, Ihnen eine Karte von *Karl Blind* in Emden zu übersenden, mit der Bitte um gefällige Berücksichtigung des darin enthaltenen Ansuchens, wenn es Ihnen möglich ist. Karte erbitte zurück.
Mit ausgez[eichneter] Hochachtung
Ihr ergebenster
Prof. Büchner.
P.S. Wenn Sie wieder in den Fall kommen sollten, Herrn [2] *Virchow* ad absurdum führen zu müssen, so werfen Sie doch einen Blick in die Vorrede zu »Kraft und Stoff«,[101] Seite LXIV u[nd] LXV; da ist gutes Zeugniß des Herrn *V[irchow]* wider sich selbst.

100 C. Vogt 1878: *Papst und Gegenpapst.* in: Freie Neue Presse. Jg. 1878, Nr. 5053 (21.9.1878). Wien

101 L. Büchner 1876: Kraft und Stoff. Naturphilosophische Untersuchungen … 14. Aufl. Leipzig

Nr. 52

Büchner an Haeckel
7. 11. 1882, Darmstadt

Darmstadt, 7/XI [18]82
Hochgeehrter Herr College!
Besten Dank für Ihre freundliche Zuschrift und das übersandte Material, das ich Herrn *Blind* zur Benutzung zugestellt habe! Ich machte ihn zugleich aufmerksam auf die von Dr. *Aveling* in der Beschreibung meines Besuchs bei *Darwin* niedergelegten Enthüllungen über *Darwin*'s religiöse Ansichten, welche heute Morgen im Auszug im Feuilleton der Frankf[urter] Zeitung[102] wiedergegeben sind. In der Voraussetzung, daß diese Dinge Sie lebhaft interessiren würden, sandte ich Ihnen ein Exemplar unter X, das [2] nun wohl in Ihren Händen sein wird.

Sie haben mich abermals verpflichtet durch gef[ällige] Zusendung Ihrer beiden Broschüren, die ich mit großem Interesse gelesen habe und wofür ich Ihnen herzlichen Dank sage. Ich hoffe mich bald revanchiren zu können durch Zusendung der soeben in Arbeit befindlichen fünfzehnten, vollständig umgearbeiteten Aufl[age] von »Kraft uns Stoff«[103]. Es ist eine Riesenarbeit, die sich aber, wie ich hoffe, lohnen wird.

Die Erbschaft *Darwin*'s in wissenschaftlicher Beziehung [3] fällt nun naturgemäß Ihnen zu. Möchten Sie dieselbe noch recht lange im Interesse der Wahrheit und des wissenschaftlichen Fortschritt's verwalten!

In der Hoffnung, daß dieser Brief Sie und die Ihrigen in erwünschtem Wohlsein antrifft, sendet herzliche Grüße
Ihr ergebenster
Prof. Büchner.

102 E. B. Aveling 1882: *Ein Besuch bei Darwin.* in: Frankfurter Zeitung und Handelsblatt, Nr. 311, 7. 11. 1882; vgl. Büchners eigene Erinnerungen *Ein Besuch bei Darwin.* in: Büchner 1890a:381–397

103 L. Büchner 1883: Kraft und Stoff oder Grundzüge der natürlichen Weltordnung. … 15. Aufl. Leipzig

Nr. 53

Büchner an Haeckel
17. 9. 1885, Darmstadt

Darmstadt, 17/IX [18]85
Hochgeehrter Herr College!
Einliegend beehre ich mich, Ihnen einen Brief mitzutheilen, dessen Inhalt ohne Zweifel für Sie von größerem Interesse oder Werth sein dürfte, als für mich. Die versprochenen Photografien werde [ich] nach Eintreffen nachsenden.
Mit colleg[ialem] Gruß
Ihr ergebenster
Prof. Büchner

Nr. 54

Büchner an Haeckel
19. 11. 1887, Darmstadt

Darmstadt, 19/XI [18]87
Geehrter Herr College!
Haben Sie schon *Ranke*'s 2 bändiges Werk über den Menschen[104] zu Gesicht bekommen? Es ist eine mit offenbarer Entstellung oder Verschweigung der Wahrheit durchgeführte Apotheose *Virchow*'s und seiner Opposition gegen die Entwicklungstheorie. Wollten Sie nicht in einer wissenschaftlichen Zeitschrift dem gedankenlosen Nachbeter und Abschreiber die richtigen Wege weisen? vielleicht im »Kosmos«.[105] Ich würde es gerne selbst thun; aber [2] leider stehen mir keine solchen Organe zur Verfügung. Es wäre zu bedauern, wenn Herr *Ranke* ganz ungestraft durchkäme.

---

104 J. Ranke 1886–1887: Der Mensch. 2 Bde. Leipzig

105 »Kosmos«. Zeitschrift für einheitliche Weltanschauung auf Grundlage der Entwicklungslehre. Jg. 1: 1877/78 – Jg. 10: 1886, aufgegangen in »Humboldt«. Zu Geschichte und Konzept dieser »ersten programmatisch dem Darwinismus verpflichteten Zeitschrift Deutschlands« vgl. Daum 1995:231 ff.

Mit freundlichem
Gruß Ihr
ergebenster
Prof. B[üchner]

Nr. 55

Büchner an Haeckel
15. 8. 1889, Darmstadt

Darmstadt, 15/VIII [18]89
Sehr geehrter Herr College!
Im Begriff, eine neue oder fünfte Auflage meiner Vorlesungen über die *Darwin*sche Theorie[106] zu veranstalten, stoße ich auf die Frage des *Eozoon Canadense*,[107] dessen nicht-animalische Natur bekanntlich Prof. *Möbius* in Kiel nachgewiesen zu haben glaubt, während *Dawson* und *Carpenter* an der alten Deutung festhalten. Vielleicht sind Sie in der Lage, [2] mir darüber eine authentische Mittheilung zu machen. Ist die Sache zweifelhaft, so werde ich am besten thun, die ganze bezügliche Erörterung zu streichen.

Auch würde es mir lieb sein zu wissen, wie Sie jetzt über den *Bathybius*[108] denken, und ob Sie an dessen organischer Natur festhalten oder nicht?

106 L. Büchner 1890: Sechs Vorlesungen über die Darwinsche Theorie … 5. Aufl. Leipzig

107 *Eozoon Canadense* (kanadisches Morgenrötetier) In den Marmoreinschlüssen des kanadischen laurentischen Gneises wurden während der 1850er Jahre Gebilde entdeckt, die von John Dawson und William Carpenter als fossile Überreste faust- bis kopfgroßer Riesenforaminiferen (Klasse der Rhizopoden oder Wurzelfüßer) gedeutet wurden. Dieses vermeintliche Meeresurtier, das »die Reihe der organischen Wesen auf der Erde auch paläontologisch sicher … mit einer Form der fast denkbar niedrigsten Art« (Bölsche 1896 Bd. II:194) hätte beginnen lassen, wurde von Karl Möbius (1878) als mineralisches Gemenge erkannt.

108 Haeckel hielt selbst nach dem Nachweis der anorganischen Natur des vermeintlichen Protoplasmas *Bathybius Haeckelii* durch John Young Buchanan und John Murray an dessen organischer Konsistenz fest. (vgl. die Einleitung des Herausgebers, S. 59).

Mit der Bitte, meine Belästigung Ihrer kostbaren Zeit im Interesse der Sache nicht übel aufnehmen zu wollen [3], zeichnet mit herzlicher colleg[ialer] Begrüßung
Ihr ergebenster
Prof. Büchner

Nr. 56

Büchner an Haeckel
23.12.1892, Darmstadt

Darmstadt, 23/XII [18]92
Hochgehrter Herr College!
Freundlichen Dank für gef[ällige] Übersendung Ihrer geistvollen Schrift über Monismus,[109] welche ich mit großem und gesteigertem Interesse gelesen habe. Ich erwidere Ihre Freundlichkeit durch Übersendung zweier Broschüren aus meiner Feder, welche sich mit verwandten Gegenständen beschäftigen und um deren freundliche Annahme ich bitte. Sie werden sich aus der Lektüre derselben, wenn Sie Zeit und Neigung zu solcher haben [2] sollten, überzeugen, daß meine Standpunkte zwar etwas weitergehend sind als die Ihrigen, daß wir aber doch im Wesentlichen einerlei Meinung sind. Es kommt eben Alles darauf an, welchen Sinn man mit dem vieldeutigen Worte »Religion« verbindet oder verbinden will. Ich habe darüber eine eingehende Auseinandersetzung meiner Schrift »Fremdes und Eigenes aus dem geistigen Leben der Gegenwart«[110] (Leipzig 1890), S. 135, einverleibt.

Unseren Collegen »*Schlesinger*« haben Sie, wie es mir [3] scheinen will, allzu freundlich behandelt. Sie kennen wohl nicht seine Inaugurationsrede: »Über das Wesen des Stoffs und des allgemeinen Raums« (bei Hölder in Wien), welcher ich in Oben genannter Schrift (S. 169)

109 E. Haeckel 1892: Der Monismus als Band zwischen Religion und Wissenschaft. Glaubensbekenntniss eines Naturforschers, vorgetragen am 9. October 1892 in Altenburg beim 75jährigen Jubiläum der Naturforschenden Gesellschaft des Osterlandes. Bonn

110 L. Büchner 1890: Fremdes und Eigenes aus dem geistigen Leben der Gegenwart. Leipzig

eine kritische Besprechung unter dem Titel »Ein neuer Gottesbegriff« gewidmet habe.

Der Kampf zwischen Theologie und Wissenschaft ist eben noch lange nicht ausgekämpft. Erstere ist durch Zeit, Schule, Vererbung, Unwissenheit immer noch die mächtigere Partei und wird es trotz aller Anstrengungen freigeistiger Schriftsteller und Denker wohl noch für lange Zeit [4] bleiben. Jedenfalls werden wir beide den Sieg unsrer Ideen nicht erleben.
Mit freidenkerischem
Gruß Ihr
hochachtungsvoll
ergebener
Prof. Büchner

Nr. 57

Büchner an Haeckel
27. 2. 1894, Darmstadt

Darmstadt 27/II [18]94
Geehrter Herr College!
Sie würden mich zu großem Danke verpflichten, wenn Sie mir mit kurzen Worten Ihre gegenwärtige Ansicht über die Vererbung von während des individuellen Lebens erworbenen Eigenschaften und Ihre Stellung in dieser Frage gegenüber *Weismann* mittheilen wollten. Ich bin augenblicklich mit Abfassung eines kritischen Referats über die Schrift von <u>*Ziegler*</u> (Naturw[issenschaft] und Sozialdemokratie),[III] welcher ganz auf der Seite *Weismanns* steht beschäftigt, und [2] wäre es mir sehr erwünscht, zu wissen, ob Sie Ihre früheren Ansichten über die progressive Vererbung inzwischen geändert haben oder nicht.

Ich benutze die Gelegenheit, um Ihnen nachträglich meinen allerherzlichsten Glückwunsch zu Ihrem 60ten Geburtstag auszusprechen und die Hoffnung daran zu knüpfen, daß das Schicksal Sie zum Heile

III H. Ziegler 1893: Die Naturwissenchaft und die socialdemokratische Theorie … Stuttgart

der Wissenschaft und zum Wohle der Menschheit noch recht lange am Leben erhalten möge.
Mit colleg[ialem] Gruß
Ihr ergebenster
Prof. Büchner

Nr. 58

Büchner an Haeckel
6.2.1895, Darmstadt

Darmstadt, 6/II [18]95
Geehrter Herr College!
Mit lebhaftem Dank für die freundliche Zusendung Ihres vortrefflichen Aufsatzes[112] gegen die Umsturz-Vorlage[113] verbinde ich die Übersendung zweier Aufsätze aus meiner Feder zur gef[älligen] Einsichtnahme in der Voraussetzung, daß die Lektüre derselben Sie ebenso interessiren wird, wie mich die Lektüre Ihrer Arbeit interessirt hat, und mit der Bitte um gef[ällige] Rücksendung der beiden Blätter unter X.

In der Hoffnung, daß meine Sendung Sie in bestem Wohlsein und alter Arbeitsfrische antreffen wird, sendet Ihnen die herzlich[2]sten Grüße Ihr alter Gesinnungsgenosse und Bewunderer
Prof. Büchner.
P.S. Wer hätte denken können, daß im Angesicht der riesigen Fortschritte der Wissenschaft in diesem Jahrhundert am Ende desselben eine solche geistige Reaktion, wie wir sie jetzt leider vor uns sehen müssen, Platz greifen konnte! *O tempora o mores!* Wie weit werden wir noch auf diesem abschüssigen Wege herunterkommem?

112 E. Haeckel 1895: *Die Wissenschaft und der Umsturz.* in: Zukunft, Nr. 18 (1895), 2.2.1895

113 »Im Dez. 1894 nach dem Rücktritt des Reichskanzlers L. von Caprivi im Dt. Reichstag eingebrachter Gesetzentwurf zur Strafverschärfung bei polit. Delikten. Der Reichstag lehnte die v.a. gegen die Sozialdemokratie zielende U. 1895 ab, als das Zentrum versucht hatte, sie auf einen allgemeinen Schutz der Religion, Kirche und öffentl. Sitte auszudehnen«. (Der große Brockhaus 1993:Bd. 22, Mannheim, Leipzig)

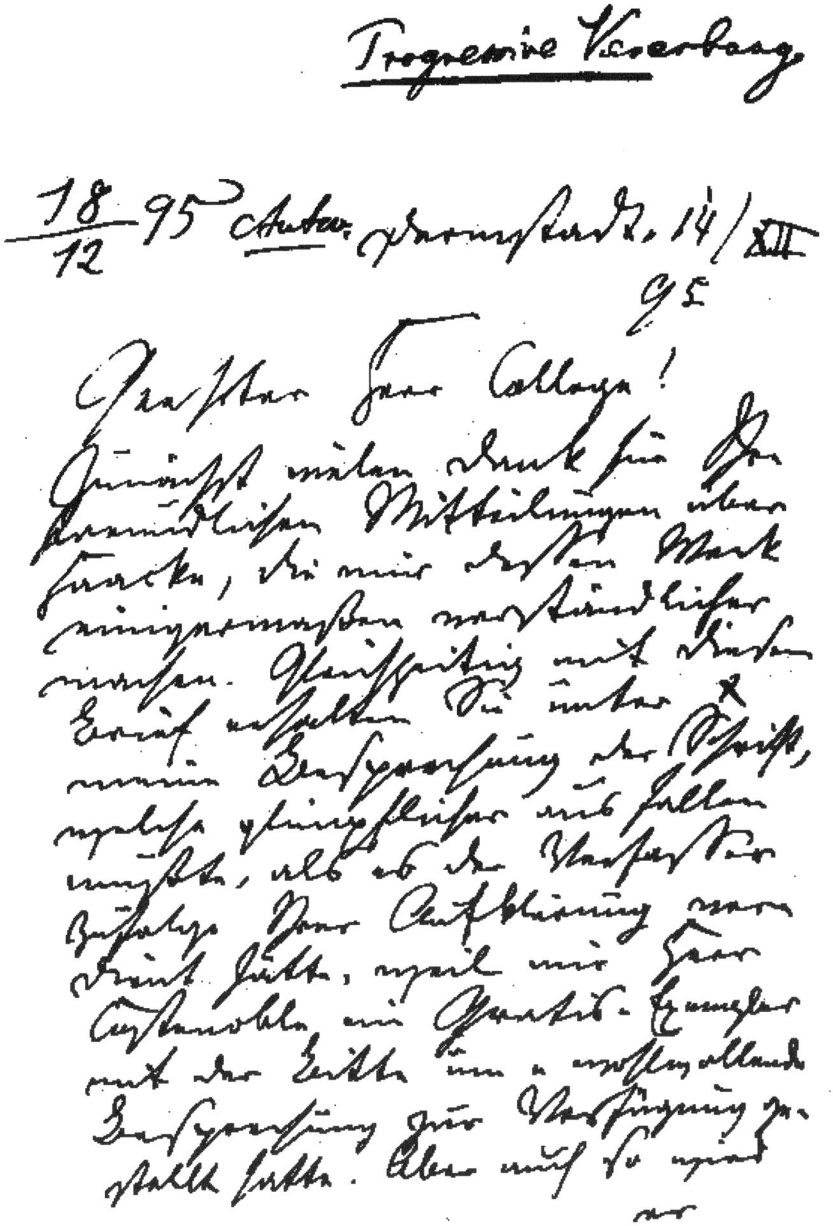
Progressive Vererbung

18/12 95 Antw. Darmstadt, 14/XII 95

Geehrter Herr College!
Zunächst meinen Dank für Ihre
freundlichen Mittheilungen über
Haacke, die mir dessen Werk
einigermaßen verständlicher
machen. Gleichzeitig mit Diesem
erhalten Sie unter x
meine Besprechung der Schrift,
welche glimpflicher ausfallen
mußte, als es der Verfasser
zufolge Ihrer Aufklärung nun
verdient hätte, weil mir Herr
Costenoble ein Gratis-Exemplar
mit der Bitte um e. wohlwollende
Besprechung zur Verfügung gestellt hatte. Aber auch so wird
er

Abb. 9: Büchner an Haeckel, 14.12.1895

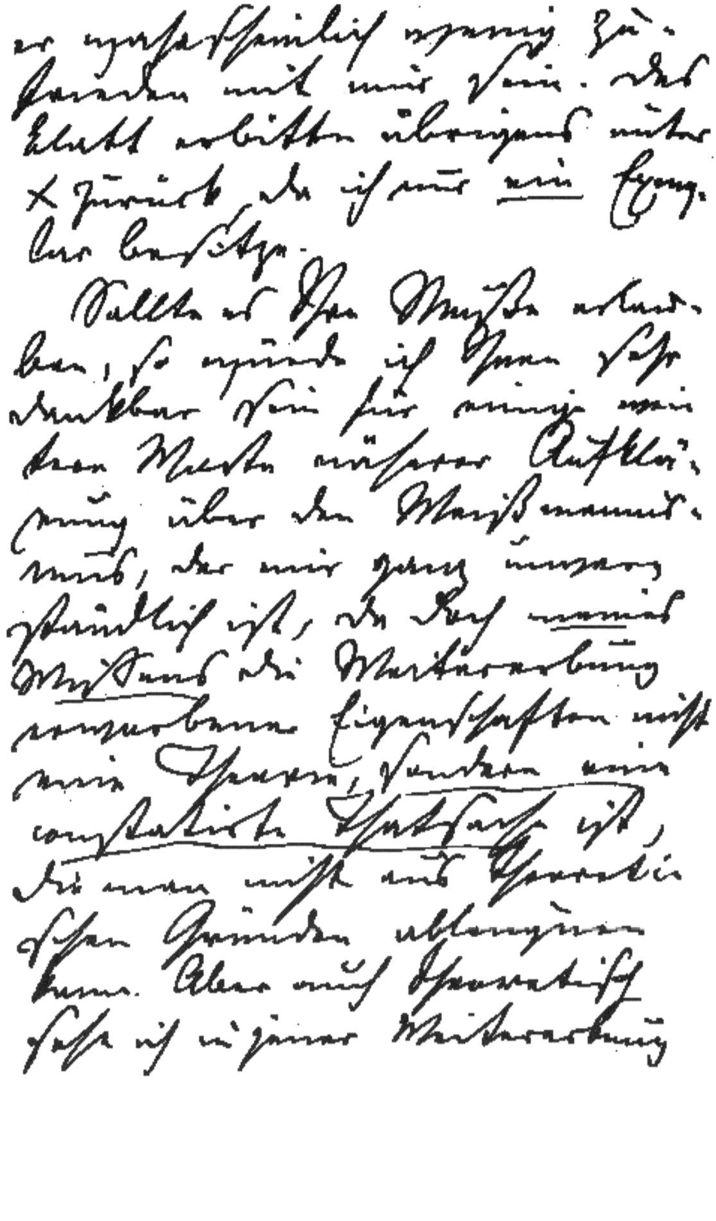

er wahrscheinlich wenig zufrieden mit mir sein. Das
Blatt erbitten übrigens unter
X zurück, da ich nur ein Exemplar besitze.

Sollten es Ihre Muße erlauben, so würde ich Ihnen sehr
dankbar sein für einige weitere Worte näherer Aufklärung über den Weißmannis-
mus, der mir ganz unver-
ständlich ist, da doch meines
Wissens die Weitervererbung
erworbener Eigenschaften nicht
mehr Theorie, sondern eine
constatirte Thatsache ist,
die man nicht aus theoretischen Gründen ablengnen
kann. Aber auch theoretisch
halte ich die jener Weitervererbung

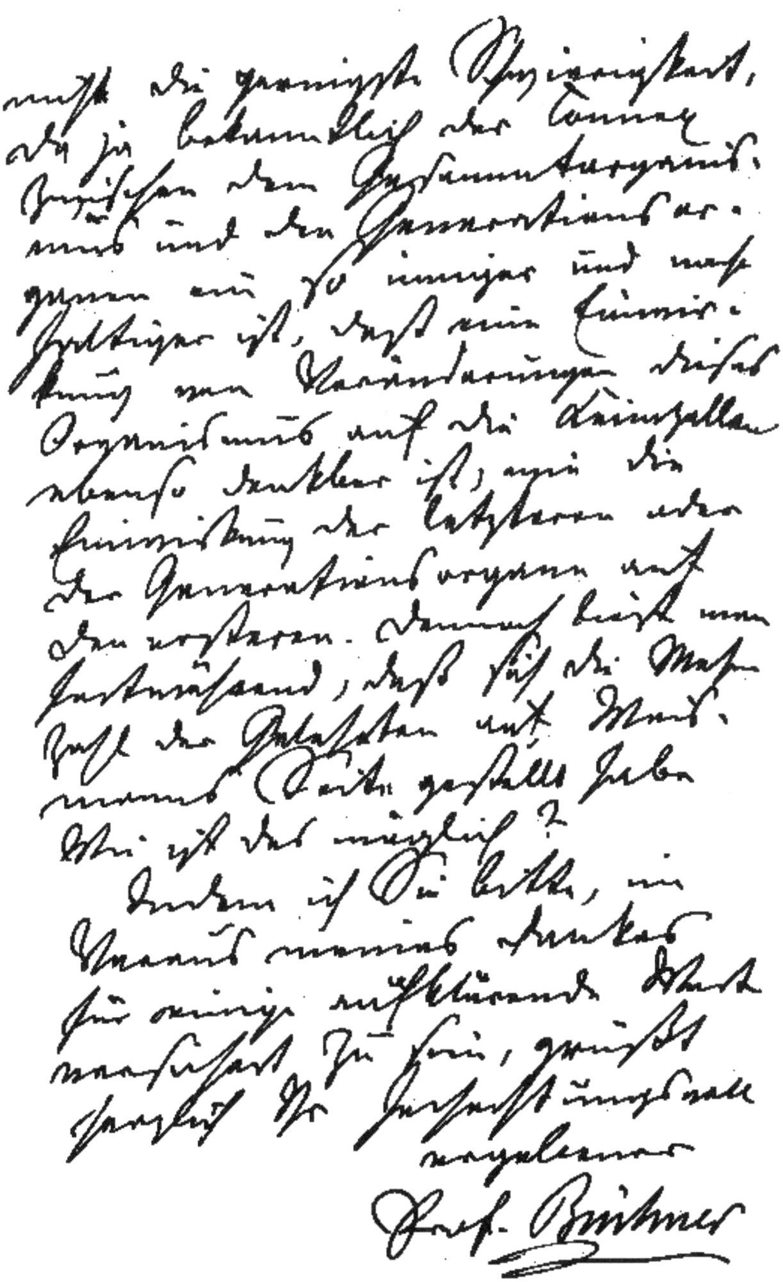

nicht die geringste Schwierigkeit,
da ja bekanntlich der Connex
zwischen dem Gesammtorganismus und den Generationsorganen ein so inniger und wech-
selseitiger ist, daß eine Einwirkung von Veränderungen dieses
Organismus auf die Keimzellen
ebenso denkbar ist, wie die
Einwirkung der letzteren oder
der Generationsorgane auf
den ersteren. Darauf beruht [illegible]
[illegible], daß sich die Nach-
[illegible] der [illegible] mit Merk-
malen [illegible] gestellt haben
Wie ist das möglich?
Indem ich Sie bitte, in
[illegible] meines Dankes
für einige aufklärende Worte
[illegible] zu sein, grüßt
herzlich Ihr hochachtungsvoll
ergebener
Prof. Büchner

Nr. 59

Büchner an Haeckel
28.11.1895, Darmstadt

Darmstadt, 28/XI [18]95
Geehrter Herr College!
Nachdem ich soeben die Lektüre der *Haacke*'schen Schrift über die Schöpfung des Menschen[114] beendet habe und im Begriff stehe, ein kritisches Referat darüber zu schreiben, fühle ich das lebhafte Verlangen, vorher von Ihrer Meinung über dieses sonderbare Elaborat, das Sie ohne Zweifel gelesen haben, unterrichtet zu werden. Sie würden mich daher sehr zu Dank verpflichten, wenn Sie mir diese Ihre Meinung über die *Haacke*'schen Theorien und dessen Stellung zum Darwinismus in kurzen Worten mitteilen wollten. Er schimpft [2] auf den Darwinismus und ist doch selbst in Allem, was gut an dem Buche ist, Darwinist. Wie soll man das verstehen?

Indem ich bitte, im Voraus meines lebhaften Dankes gewiß zu sein, grüßt Sie herzlich in bekannter Verehrung
Ihr ergebenster
Prof. Büchner.

Nr. 60

Büchner an Haeckel
14.12.1895, Darmstadt

[von Haeckels Hand]: Progressive Vererbung
[von Haeckels Hand]: 18/12 [18]95 Antw[ort]
Darmstadt, 14/XII [18]95
Geehrter Herr College!
Zunächst vielen Dank für Ihre freundlichen Mitteilungen über *Haacke*, die mir dessen Werk[115] einigermaßen verständlicher machen. Gleichzeitig mit diesem Brief erhalten Sie unter X meine Besprechung

114 W. Haacke 1895a: Die Schöpfung des Menschen und seine Ideale. … Jena
115 W. Haacke 1895a: Die Schöpfung des Menschen und seine Ideale. … Jena

der Schrift,[116] welche glimpflicher ausfallen mußte, als es der Verfasser zufolge Ihrer Aufklärung verdient hätte, weil mir Herr *Costenoble* ein Gratis-Exemplar mit der Bitte um »wohlwollende« Besprechung zur Verfügung gestellt hatte. Aber auch so wird er [2] wahrscheinlich wenig zufrieden mit mir sein. Das Blatt erbitte übrigens unter X zurück, da ich nur ein Exemplar besitze.

Sollte es Ihre Muße erlauben, so würde ich Ihnen sehr dankbar sein für einige weitere Worte näherer Aufklärung über den Weißmannismus, der mir ganz unverständlich ist, da doch meines Wissens die Weitererbung erworbener Eigenschaften nicht eine Theorie, sondern eine constatirte Thatsache ist, die man nicht aus theoretischen Gründen ableugnen kann. Aber auch theoretisch sehe ich in jener Weitererbung [3] nicht die geringste Schwierigkeit, da ja bekanntlich der Connex zwischen dem Gesammtorganismus und den Generationsorganen ein so inniger und nachhaltiger ist, daß eine Einwirkung von Veränderungen dieses Organismus auf die Keimzellen ebenso denkbar ist, wie die Einwirkung der letzteren oder der Generationsorgane auf den ersteren. Dennoch liest man fortwährend. daß sich die Mehrzahl der Gelehrten auf *Weismann*s Seite gestellt habe. Wie ist das möglich?

Indem ich Sie bitte, im Voraus meines Dankes für einige aufklärende Worte versichert zu sein, grüßt herzlich Ihr hochachtungsvoll ergebener
Prof. Büchner

Nr. 61

Büchner an Haeckel
31. 12. 1895, Darmstadt

Darmstadt, 31/XII [18]95
Sehr geehrter Herr College!
Freundlichen Dank für Ihr ausführliches Schreiben vom 18/XII und die beigefügte Broschüre! Ich bin augenblicklich mit der Lektüre des großen, soeben erschienenen Werkes von Prof. *Delage* in Paris über La

116 nicht zu ermitteln

structure du protoplasma et les théories sur l'hérédité etc.[117] beschäftigt, welches eine ausführliche Übersicht über alle Vererbungstheorien bei sehr eingehender Kenntniß der deutschen Litteratur über den Gegenstand nebst Kritik jeder [2] einzelnen Theorie gibt. Der Verfasser ist ebenfalls Anti-*Weismann*, aber auch Gegner aller Plasma-Theorien überhaupt. Sollten Sie vielleicht wünschen, Einsicht in das Buch zu nehmen, so stelle ich Ihnen dasselbe nach vollendeter Lektüre gerne zur Verfügung. Ich habe die Absicht, ein kritisches Referat darüber abzufassen, wenn ich die Zeit dazu finden kann.

Haben Sie *Haacke*'s Artikel über Entwicklung und Vererbung[118] in der Beilage [3] zur Allgem[einen] Zeitung in München gelesen? Er hält sich darin weit reservirter, als in seinem Buch.[119]

Ich benutze die Gelegenheit, um Ihnen meine herzlichsten Glückwünsche zum Neuen Jahr darzubringen und den Wunsch auszusprechen, daß es Ihnen noch recht lange vergönnt sein möge, im Interesse der Wissenschaft und geistigen Aufklärung thätig zu sein – was der allgemeinen geistigen Reaktion und Versumpfung der Gegenwart gegenüber doppelt notwendig ist. Wo soll [4] dieser Rückschritt enden, und wird das kommende Jahrhundert ein anderes Gesicht tragen, als das gegenwärtige? Ich bin, um mein Herz ausschütten zu können, mit der Abfassung einer Schrift: »Am Sterbelager des Jahrhunderts«[120] beschäftigt, zweifle aber, ob ich einen Verleger finden werde, der mutig genug ist, ein solches Buch in die Welt zu senden.

Mit herzlichem Gruß
Ihr ergebenster
Prof. Büchner

117 vgl. Y. Delage, M. Goldsmith 1910: Die Entwicklungstheorien. Leipzig

118 W. Haacke 1895b: *Brennende Fragen der Entwicklungslehre.* in: Beilage zur Allgem. Zeitung, 23.12., 24.12.

119 W. Haacke 1895a: Die Schöpfung des Menschen und seine Ideale. … Jena

120 L. Büchner 1898: Am Sterbelager des Jahrhunderts. … Gießen

Nr. 62

Büchner an Haeckel
18. 2. 1896, Darmstadt

Darmstadt, 18/II [18]96
Geehrter Herr College!
Herzlichen Dank für die freundliche Übersendung Ihrer beiden Aufsätze, die ich mit großem Interesse gelesen habe.

Mit großem Bedauern habe ich nachträglich erfahren, daß Sie Unglück mit einem Bein- oder Knöchelbruch gehabt haben. Hoffentlich wird dasselbe keine dauernden Folgen nachtheiliger Art zurückgelassen haben.

Das Werk von *Delage* habe ich inzwischen durchstu[2]dirt und viel Belehrung daraus geschöpft. Ich habe Ihnen dasselbe leihweise angeboten, vermute aber, daß Sie dasselbe für die Jenenser Univers[itäts]-Bibliothek haben anschaffen lassen. Haben Sie die Lobhudelei *Haacke*'s von Prof. *Hans Buchner*[121] in der Beilage zur Allgem[einen] Zeitung zu Gesicht bekommen? Wie steht es denn eigentlich jetzt mit Ihrem Weismannismus? Nimmt er zu oder ab? Ich arbeite jetzt an einem Aufsatz über Vererbung und Fortschritt,[122] worin ich nachzuweisen suche, daß [3] ein dauernder Fortschritt der organischen Entwicklung ohne Vererbung erworbener Eigenschaften undenkbar ist. Was meinen Sie dazu? Übrigens herrscht in dieser Materie eine solche Verwirrung und Gegensätzlickeit der Meinungen, daß man kaum klug daraus wird. Auch die Thatsachen sind oft ganz einander widersprechender Natur. Die Erklärung *Delage*'s scheint mir auch unzureichend.

In der Hoffnung, daß dieser Brief Sie in vollständigem Wohlsein antrifft
Ihr hochachtungsvoll
ergebener Prof. Büchner

---

121 H. Buchner 1896: *Naturwissenschaft und letzte Probleme.* in: Beilage zur Allgem. Zeitung, 28. 1. 1896

122 L. Büchner 1909: Die Macht der Vererbung und ihr Einfluss auf den moralischen und geistigen Fortschritt der Menschheit. 2. Aufl. Leipzig

Nr. 63

Büchner an Haeckel
17. 2. 1897, Darmstadt

Darmstadt, 17/II [18]97
Sehr geehrter Herr College!
Ich werde am kommenden Sonntag (21.) Abends 8,16 nach Jena kommen [...] und werde mich sehr freuen, Sie bei dieser Gelegenheit nach langer Zeit wieder einmal persönlich begrüßen zu dürfen. Sollten Sie am Sonntag Abend [2] nichts Besseres oder Anderes vorhaben, so könnten wir vielleicht in dem Gasthof, in dem ich wohnen werde, nach 9 Uhr ein oder zwei Stunden uns unterhalten.
Herzlich grüßend Ihr
hochachtungsvoll ergebener
Prof. Büchner

3. Dokumente

Nr. 1[1]

Note sur la création d'un Oberservatoire zoologique en Italie[2]

Les études de zoologie scientifique, d'anatomie et d'embryogénie comparées sont basées aujourd'hui en grande partie sur l'étude des animaux marins, qui tout en offrant une quantité de types entièrement inconnus aux eaux douces et à la terre ferme, présentent aussi des facilités d'études que l'on chercherait vainement chez les habitants d'eau douce. Il y avait un temps où les voyages aux bords de la mer et les expéditions lointaines ne satisfaisaient que l'intérêt des collections et des musées. On se bornait de recueillir autant que possible pour chasser ensuite, sans se demander de quelle manière, en se servant des mêmes objets, on pourrait pousser plus loin l'étude anatomique et physiologique du règne animal. Les expéditions lointaines, ces navigations autour du monde ont fait leur temps pour les sciences; on en profite encore pour enrichir les collections, mais de l'aveu de tous elles ne peuvent plus contribuer beaucoup à l'avancement d'une science réellement approfondie.

---

1 Handschrift

2 [Übersetzung:] Anmerkung zur Gründung eines zoologischen Observatoriums in Italien

Die Studien der wissenschaftlichen Zoologie, der Anatomie und der vergleichenden Embryologie beruhen heutzutage zum großen Teil auf dem Studium der Meerestiere, die alle eine Anzahl von Arten umfassen, die im Süßwasser und auf dem Festland vollkommen unbekannt sind, sie bieten auch Forschungsmöglichkeiten, die man vergeblich bei den Bewohnern des Süßwassers suchen würde. Es gab eine Zeit, in der die Reisen an Meeresküsten und längst vergangene Expeditionen nur dem Interesse an Sammlungen und Museen gerecht wurden. Man beschränkte sich darauf, soviel wie möglich zu sammeln, um anschließend zu jagen, ohne sich zu fragen, in welcher Weise man sich derselben Objekte bedient, man konnte das anatomische und physiologische Studium des Tierreichs weitgehend vernachlässigen. Die Expeditionen in die Ferne, diese Schiffsreisen um die Welt gehören in der Wissenschaft der Vergangenheit an; man hat noch einen Nutzen davon, um die Sammlungen zu erweitern, aber nach Meinung aller können sie nicht mehr viel zum Fortschritt einer wirklich fundierten Wissenschaft beitragen.

Ce qui faut aujourd'hui au naturaliste explorateur, c'est des observations prolongées, un séjour continu dans une localité favorable, qui lui permet de faire sur des types variés une riche moisson des travaux, d'expériences et d'observations faites sur les animaux frais et vivants. La zoologie scientifique se base aujourd'hui sur l'embryogénie et l'anatomie comparée et chacun sait que l'étude du dévéloppement d'une espèce demande un temps plus ou moins long et des ressources très différentes de celles que l'on peut trouver dans une visite passagère.

Aussi voyons-nous depuis une vingtaine d'années à peu près tous les naturalistes, qui se sont acquis un nom dans la science, accourir pendant leur vacances aux bords de la mer pour y faire un séjour un peu prolongé, et si les côtes de l'Océan et de la Mer du Nord ont aussi leurs attraits, on peut pour[2]tant dire que le littoral de la Méditerranée a toujours joui de la préférence à cause de la variété des types et des facilités que l'on trouve sous le rapport de l'établissement. Chaque année nous voyons des professeurs allemands et français, accompagnés de quelques élèves, s'établir à Nice, à La Spezia, à Naples, Messine, Palerme, Trieste; chaque année on voit de jeunes gens, qui se préparent

---

Was heute der Naturforscher braucht, sind lang andauernde Untersuchungen, einen kontinuierlichen Aufenthalt an einem geeigneten Platz, der ihm ermöglicht, über verschiedene Arten eine reiche Ausbeute an Arbeiten, Erfahrungen und Ergebnisse über frische und lebende Tiere zu erzielen. Die wissenschaftliche Zoologie stützt sich heute auf die Embryologie und die vergleichende Anatomie und jedermann weiß, daß das Studium der Entwicklung einer Gattung mehr oder weniger lange Zeit und ganz andere Möglichkeiten erfordert als die, die man bei einer Durchreise vorfinden kann.

Auch beobachten wir seit etwa zwanzig Jahren, wie alle Naturforscher, die einen Namen in der Wissenschaft erworben haben, während ihrer Ferien die Meeresküsten aufsuchen, um sich dort etwas länger aufzuhalten, und wenn die Küsten des Ozeans und des Nordmeeres auch ihre Reize haben, so kann man dennoch sagen, daß die Küste des Mittelmeeres aufgrund der Verschiedenheit der Arten und der Möglichkeiten, die man in bezug auf die Ausstattung vorfindet, immer den Vorzug genießt. Jedes Jahr beobachten wir deutsche und französische Professoren, begleitet von einigen Schülern, wie sie sich in Nizza, La Spezia, Neapel, Messina, Palermo, Triest niederlassen; jedes Jahr beobachten wir junge Leute, die sich auf eine Professur vorbereiten, wie sie einige Monate an denselben Orten verbringen und mit Arbeiten beschäftigt sind, die zum Fortschritt der Wissenschaft beitragen. Ich brauche nur die Namen von *Johannes Müller*, von *Kölliker*, von *Krohn* und so vielen anderen nennen, um zu beweisen, wie groß die beachtliche Faszination ist, die von diesen Studien ausgeht und welche Früchte die Wissenschaft damit geerntet hat.

au professorat, passer quelques mois aux mêmes endroits et occupés avec des travaux qui font avancer la science. Je n'ai qu'à citer les noms de *Jean Muller*, de *Kölliker*, de *Krohn* et de tant d'autres, pour prouver combien est considérable l'attrait que présentent ces études et quels fruits la science en a recueillis.

On sait lorsqu'on s'est un peu familiarisé avec ses études, combien il est difficile de se procurer dans un endroit, où l'on s'installe pour la première fois, toutes les ressources dont on a besoin. Souvent on ne trouve ni locaux convenables pour l'emplacement des microscopes, des vases et des bocaux, dont on a besoin pour tenir les animaux pendant quelque temps en vie, ni filets ou dragues pour pêcher les animaux microscopiques ou ceux cachés dans la profondeur, ni pêcheurs intelligents pour vous seconder dans vos recherches. Souvent on a besoin de quelques semaines pour s'orienter, pour découvrir les places riches, pour se familiariser avec la contrée. Il faut voyager avec un attirail considérable de baggage, s'installer quelque fois avec des frais considérables, lutter contre une quantité de difficultés qui absorbent un temps précieux et rendent impossibles souvent des séries entières

---

Wenn man etwas mit diesen Studien vertraut ist, weiß man, wie schwierig es ist, sich an einem Ort, an dem man sich zum ersten Mal niederläßt, sämtliche Dinge zu beschaffen, die man benötigt. Häufig findet man weder geeignete Räumlichkeiten für das Aufstellen von Mikroskopen, Gefäßen und Glasbehältern, die man benötigt, um die Tiere für einige Zeit am Leben zu halten, noch Netze oder Schleppnetze, um winzig kleine oder Tiere aus der Tiefe zu fangen, noch angelernte Fischer, die bei den Forschungsarbeiten zur Hand gehen können. Oft braucht man einige Wochen, um sich zu orientieren, um ergiebige Plätze zu finden, um sich mit der Gegend vertraut zu machen. Man muß mit einer beträchtlichen Menge Gepäck reisen, sich manchmal mit beachtlichen Kosten niederlassen, gegen eine Menge Schwierigkeiten ankämpfen, die kostbare Zeit in Anspruch nehmen und häufig eine ganze Reihe von Untersuchungen unmöglich machen. Ich spreche in Kenntnis der Sachlage, gewonnen durch meine eigene Erfahrung, und ich kann eine recht beachtliche Anzahl von Naturforschern nennen, die Nizza nur deshalb bevorzugt gewählt haben, weil sie dort einen angelernten und geschickten Fischer finden, den ich während eines Aufenthaltes von achtzehn Monaten ausgebildet hatte, und eine bestimmte Anzahl von großen Glasbehältern, die ich mir mit großer Mühe beschafft hatte, indem ich sie von Paris kommen ließ, und die ich Herrn *Vereny* unter der ausdrücklichen Bedingung überlassen habe, sie an Naturforscher auszuleihen, die sie benötigen könnten.

Die Aquarien, deren Konstruktion seit einigen Jahren so verbessert wurde, daß man eine Anzahl Meerestiere sogar Jahre am Leben halten kann, haben der Wissenschaft bereits wahrhaftige Dienste geleistet, indem sie ermöglichen, ihre Lebens-

d'oberservations. J'en parle en connaissance de cause, renseigné que je suis par ma propre expérience, et je puis citer un nombre assez considérable de naturalistes qui ont choisi Nice de préférence, uniquement parce qu'ils y trouvent un pêcheur intelligent et exercé, que j'avais formé pendant un séjour de dix-huit mois, et un certain nombre de grands bocaux en verre, que je m'étais procurés avec milles peines, en les faisant venir de Paris, et que j'avais laissés à Monsieur *Vereny* sous la condition expresse de les prêter aux naturalistes qui pourraient en avoir besoin.

Les aquariums, dont on a perfectionné la construction depuis quelques années au point de pouvoir tenir une quantité d'animaux marins même pendant des années en vie, ont déjà rendu de véritables services à la science, en permettant d'observer leur manière de vivre, de se reproduire dans un temps continu. Le naturaliste, qui s'est établi aux bords de la mer, ne supplée que fort imparfaitement à ces aquariums par des bocaux en verre, dont la capacité beaucoup trop petite fait mourir bientôt les animaux par défaut de nourriture et de mouvement.

Il n'y a donc pas de doute: Le gouvernement italien, en créant sur un point favorable de la côte un observatoire zoologique, destiné à ce

---

weise zu beobachten, sich über einen längeren Zeitraum zu reproduzieren. Der Naturforscher, der sich an den Küsten des Meeres niederläßt, ersetzt nur sehr unzulänglich diese Aquarien durch Behälter aus Glas, deren viel zu kleines Fassungsvermögen die Tiere aus Mangel an Nahrung und Bewegung bald sterben läßt.

Es gibt also keinen Zweifel: Die italienische Regierung würde, indem sie an einem geeigneten Ort an der Küste ein zoologisches Observatorium für diese Forschungsrichtung gründet, der Wissenschaft einen wirklichen Dienst erweisen, aber auch eine große Anzahl von Fremden anziehen, die kommen würden, um dort ihren Studien nachzugehen. Dieses Laboratorium würde unter guter fachlicher Leitung jenem im Jardin des Plantes in Paris in der Epoche gleichen, als die von *Cuvier* angebotenen Materialien und Möglichkeiten die Naturforscher aus aller Welt anzogen. Der Naturforscher, der geeignete Räumlichkeiten für das mikroskopische und anatomische Studium, bereits vorhandene Aquarien für Meeresbewohner aus der Umgebung und Werkzeuge jeder Art vorfinden würde, der ausländische Naturforscher, der letztlich nur seine eigenen Sachen wie jeder andere Reisende mitzubringen braucht, wäre glücklich, einen ähnlichen Winkel anzutreffen und würde ihn sicherlich bevorzugen. Ich spreche nicht von der Nützlichkeit, die die Gründung einer solchen Einrichtung für die Nationen hätte, die, bis auf wenige Ausnahmen, sich eher dem Studium der Arten gewidmet haben, indem sie die vorgegebene Richtung für Studien dieser Art seit einiger Zeit verlassen haben.

genre de recherches, rendait non seulement un véritable service à la science, mais attirerait aussi un grand nombre d'étrangers, qui viendraient y poursuivre leurs études. Ce laboratoire deviendrait sous une direction bien entendue ce qu'était le Jardin des Plantes de Paris à l'époque où les matériaux et les facilités offerts par *Cuvier* attiraient les naturalistes de toutes les parties du [3] monde. Le naturaliste qui trouverait des locaux appropriés pour l'étude microscopique et anatomique, des aquariums fournis déjà des habitants de la mer des environs, des instruments de toute sorte; le naturaliste étranger enfin qui n'aurait besoin d'apporter que ses hardes comme un autre voyageur, serait heureux de trouver un pareil angle et s'y porterait certainement de préférence. Je ne parle pas de l'utilité que la création d'un pareil établissement aurait pour les nationaux, qui, à quelques exceptions près, se sont plutôt adonnés à l'étude des espèces en négligeant la direction imprimée depuis quelque temps aux études de ce genre.

Un autre point de vue recommande encore la création d'un pareil établissement. La mer est une inépuisable source explicative pour les questions qui touchent à la géologie et à la paléontologie réunies. Les études sur l'habitation des êtres marins, sur la formation des dépôts au

---

Auch aus einem anderen Gesichtspunkt erscheint die Gründung einer solchen Einrichtung sinnvoll. Das Meer ist eine unerschöpfliche und lehrreiche Fundgrube für Fragen, die die Geologie und Paläontologie gemeinsam berühren. Die Untersuchungen über die Gewohnheiten der Meereslebewesen, über die Bildung von Ablagerungen auf dem Meeresgrund, über die Tiefe, in der die Arten leben, über die Verbreitung der Meerestiere und -pflanzen in horizontalen und vertikalen Zonen – alle diese Studien – stehen erst am Anfang und haben bereits ebenso zahlreiche wie unerwartete Ergebnisse für die geologische Wissenschaft geliefert. Ich brauche nur die Namen von *Edward Forbes, Goodsir* und *Sars* nennen, um aufzuzeigen, welche Ergebnisse man auch da erhalten könnte, wo Erleichterungen wie Schleppnetze und Taucherglocken für ähnliche Forschungen von Nutzen sind, aber immer wieder zu schwer, um Teil des Gepäcks eines Mannes zu werden, der kein großes Schiff zur Verfügung hat, hingegen einmal an einem geeigneten Platz auf kleinen dafür geeigneten Booten untergebracht, erfordern sie nur geringe Kosten für die Instandhaltung und könnten der Wissenschaft bemerkenswerte Dienste erweisen.

Die Frage bietet auch eine andere Seite. Bis zum heutigen Tage wenden die akademischen und universitären Veranstaltungen allgemein nur wissenschaftlichen Darstellungen an – man läßt den praktischen Gesichtspunkt zu oft außer acht. Die Untersuchungen über Schädlinge, über die Verwüstungen, die durch Insekten und andere Schädlinge verursacht werden, das alles ist sehr vielfältig, gelangen häufig in

fond de la mer, sur la profondeur dans laquelle les espèces vivent, sur la répartition par zones horizontales et verticales des animaux et des plantes marines – toutes ces études – là ne sont encore qu'au commencement et ont fourni déjà des résultats aussi nombreux qu'inattendus pour la science géologique. Je n'ai qu'à citer le nom de *Edward Forbes*, de *Goodsir*, de *Sars* pour montrer quels résultats on pourrait encore obtenir là où les facilités pour des pareils recherches, comme les dragues, les cloches à plongeur, sont en partie coûteux, mais toujours trop lourds pour pouvoir faire partie des bagages d'un homme qui n'a pas un navire à sa disposition, tandis qu'une fois installés dans une localité favorable sur de petites embarcations destinées ad hoc, ils ne demandent que peu de frais pour un entretien et pourront rendre des services signalés à la science.

La question offre encore un autre côté. Jusqu'à présent les cours académiques et universitaires ne sont appliqués en général qu'aux exposés scientifiques – on a laissé de côté trop souvent le point de vue pratique. Les observations sur les animaux nuisibles, sur les ravages causés par les insectes et autres bêtes malfaisantes, tout en étant fort multipliées, ont été souvent entre des mains inintelligentes ou privées des ressources nécessaires. Il y a peu d'espèces même des plus communes, dont on pourrait faire une histoire exacte dans tous ses états et

---

ungeeignete Hände oder werden ohne die notwendigen Hilfsmittel ausgeführt. Es gibt wenige Arten, selbst die bekanntesten, von denen man eine genaue Beschreibung all ihrer Entwicklungsstadien und Metamorphosen geben könnte – es gibt davon kaum etwas, das nicht große Lücken aufweist. Eine Einrichtung gründen, wo man die Untersuchungen konzentrieren könnte, sie gut durchführen, Erfahrungen machen könnte, ohne daß man die Pflanzen, die der Forschung dienen, im Zusammenhang betrachten muß, wie der private Forscher es macht, wäre eine Sache, die höchst nützlich und von unmittelbarem Interesse ist. Es ist einleuchtend, daß der Gärtner, der Landwirt, der Förster und der Verwalter an erster Stelle an die Vernichtung der Tiere, die Schaden bringen, denken soll – aber der Forscher, der durch das Studium ihrer Gewohnheiten und ihrer Entwicklung die Möglichkeiten erforscht, sie wirkungsvoll zu bekämpfen, soll sie zunächst erhalten, sie vermehren und opfert diesem Studium oft Pflanzen und Ernten, die der Landwirt vor allem erhalten hätte.

Ich schlage deshalb die Gründung eines zoologischen Observatoriums vor.

Der Gedanke, den ich hier darlegen möchte, wäre hinsichtlich seiner Ausführung nicht neu. Er wurde recht häufig aufgegriffen, ohne daß man eine wirkliche und praktische Lösung finden konnte. Wir haben oft darüber am Kaminfeuer gespro-

métamorphoses – il n'y en a point qui ne présente de lacunes importantes. Créer un établissement où l'on puisse concentrer les observations, les mener à bonne fin, faire des expériences, sans qu'on eût besoin de regarder au rapport des plantes servant aux observations, comme dit le faire l'observateur privé, serait une chose éminemment utile et d'un intérêt immédiat. Il est évident que le jardinier, l'agriculteur, le forestier, l'économe doit songer en premier lieu à la déstruction des animaux qui lui portent nuissance – mais l'observateur qui recherche les moyens de les combattre efficacement dans l'étude de leurs habitudes, de leur dévéloppement, doit d'abord les conserver, les multiplier et sacrifier souvent à cette étude des plantes et des récoltes que l'agriculteur aurait conservées avant tout.

Je propose en conséquence la création d'Observatoires zoologiques. [4]

L'idée que je viens d'exposer ici, ne serait nouvelle que quant à ce qui touche à l'exécution. Elle a été remuée bien souvent sans pouvoir trouver une solution réelle et pratique. Nous en avons souvent causé au soin du feu, Mr. *Milne-Edwards* et moi, et le premier avait déjà fait des démarches pour sa réalisation auprès du gouvernement de Louis Philippes lorsque la révolution de Février est venue interrompre toute négociation ultérieure. Les conversations entre Mr. *de Filippi* et moi

---

chen, Herr *Milne-Edwards* und ich, und der erstere hatte bereits Schritte für seine Verwirklichung während der Regierungszeit von Louis Philippe unternommen, als die Februarrevolution sämtliche weiteren Verhandlungen unterbrach. Die Gespräche zwischen Herrn *de Filippi* und mir berührten oft dasselbe Thema in einer Zeit, als Nizza noch zum Land Sardinien gehörte. Ich habe mit Herrn *de Cavour* während seines letzten Besuches in Genf darüber gesprochen. Alle nahmen meinen Gedanken mit Wohlwollen auf, seine Verwirklichung mußte man auf günstigere Zeiten verschieben. Ich konnte feststellen, daß alle meine Kollegen im Bereich der zoologischen Wissenschaften diesen Gedanken begrüßten und lebhaft wünschten, dessen Ausführung zu erleben. Ich glaube, daß der Zeitpunkt der Erneuerung eines vereinten Italiens, wo sich das Bedürfnis nach einer spürbaren Anhebung des staatlichen Schulwesens und der wissenschaftlichen Studien allgemein bemerkbar macht, außerordentlich günstig wäre und auf welche Weise könnte man hier damit beginnen.

Einer der zoologischen Lehrstühle* einer italienischen Universität, die sich an der Meeresküste befindet (man würde Neapel den Vorzug geben), kombiniert mit einem zoologischen Observatorium, ausgestattet mit den Örtlichkeiten und den notwendigen Mitteln für Instrumente, Bücher und notwendige Hilfskräfte, wäre für das

ont roulé souvent sur le même sujet dans un temps où Nice appartenait encore aux États Sardes. J'en ai parlé à Mr. *de Cavour* lors de sa dernière visite à Genève. Tout en accueillant mon idée avec faveur, il dut en retarder la réalisation pour des temps plus propices. J'ai pu m'apercevoir, que toutes mes connaissances dans le domaine des sciences zoologiques applaudissaient à cette idée et désiraient vivement d'en voir l'exécution. Je crois que le moment de la régénération de l'Italie unie, où le besoin d'un puissant relèvement de l'instruction publique et des études scientifiques en général se fait sentir, serait extrêmement propice et voici quelle serait la manière dont on pourrait s'y prendre.

Une des chaires zoologiques* d'une des Universités italiennes situées aux bords de la mer (on choisirait de préférence Naples) serait combinée avec un observatoire zoologique, doté de locaux et de fonds nécessaires pour avoir les instruments, les livres et ces aides nécessaires pour le but qu'on se propose. Cet observatoire aurait pour destination spéciale d'offrir toute facilité à tous ceux, nationaux come étrangers, qui voudraient se familiariser avec les études de zoologie, d'anatomie et d'embryogénie des animaux surtout marins et de toutes les questions qui s'y rattachent. Il aurait en outre la mission de pousser les observations périodiques sur les animaux tout terrestres que marins et les animaux nuisibles à l'agriculture et l'économie humaine en général. Défini de cette manière, il réunirait à l'utilité scientifique encore le point de vue de l'utilité immédiate et pratique et servirait ainsi come centre pour une foule d'efforts aujourd'hui isolés et en partie même infructueux.

gesetzte Ziel geeignet. Dieses Observatorium hätte die besondere Aufgabe, all jenen, Einheimischen wie Fremden, die sich mit den Studien der Zoologie, der Anatomie und der Embryologie, vor allem der Meerestiere und aller Fragen, die damit in Zusammenhang stehen, befassen möchten, sämtliche Möglichkeiten zu bieten. Es hätte im übrigen den Auftrag, periodische Forschungen über Land- wie Meerestiere und Schädlinge der Landwirtschaft und der Hauswirtschaft im Allgemeinen zu betreiben. Auf diese Weise genau abgegrenzt würde es wiederum den wissenschaftlichen Nutzen mit dem Gesichtspunkt der unmittelbaren und praktischen Notwendigkeit vereinen und würde so zahlreichen Bestrebungen, die heute isoliert und zum Teil sogar fruchtlos sind, als Zentrum dienen.

Installé au plus grand complet, un observatoire de ce genre aurait: un Directeur – Deux Aides, l'un destiné plus spécialement pour les études marines, l'autre pour les études des animaux nuisibles – quelques hommes attachés au service de la maison suivant la localité et les moyens disponibles.

* Note. Je dis expressément »une des chaires«, puisque, suivant les aptitudes des hommes ou la disposition des chaires, cela peut être le Professeur de Zoologie proprement dite ou celui d'anatomie comparée qui serait nommé. Genève le 7 Mai 1862. C. Vogt[2]

Nr. 2[3]

Addi 3 Giugno 1879, vicino a Rimini, in villeggiatura presso cari amici, spirò improvvisamente Maria Elisabetta Moleschott.

Nacque in Eidelberga, il 30 Maggio 1853.

Come una rosa di Maggio fu carpita dal suo stelo. Imperacocchè ella era la rosa di casa sua – orgoglio e consiglio di sua madre – accanto ad essa seconda madre di sua sorellina – amore dei fratelli – del padre corona ed appoggio.

Una vita intiera, la più lunga vita non potrebbe comprendere i ricordi della sua operosità intelligente, indefessa, felice, amorevole.

Ha spezzato l'arco per averlo troppo teso, ma ci rimane la corda, che le sue mani hanno profumata, e la freccia che penetrò nei nostri cuori, i quali insanguinati la piangeranno tutta la vita.

Vollständig eingerichtet hätte ein Observatorium dieser Art: einen Direktor – zwei Hilfskräfte, die eine wäre insbesondere für die Meeresstudien bestimmt, die andere für das Studium der Schädlinge – einige Leute sind in den Hausdienst eingebunden, je nach Ort und den verfügbaren Mitteln.

*Anmerkung. Ich sage ausdrücklich »einer der Lehrstühle«, denn entsprechend der Qualifikation der Anwärter oder der Verfügbarkeit der Lehrstühle kann es streng genommen ein Professor der Zoologie oder der vergleichenden Anatomie sein, der nominiert würde.

Genf, dem 7. Mai 1862.

C. Vogt

3 gedruckt

Roma, 5 Giugno 1879.   Jacopo Moleschott
Sofia Moleschott nata Strecker
Carlo Moleschott
Armino Moleschott
Elsa Moleschott[4]

Nr. 3[5]

Il 20 Maggio 1893
spiró dopo breve malattia
Jac. Moleschott
Senatore del Regno
lasciando nella desolazione.
i figli suoi Carlo ed Elsa.[6]

---

4 [Übersetzung:] Am 3. Juni 1879 verstarb unerwartet Frau Marie Elisabeth Moleschott während eines Ausfluges mit guten Freunden in der Nähe von Rimini. Sie wurde am 30. Mai 1853 in Heidelberg geboren. Wie eine Rose im Mai wurde sie von ihrem Stiel gerissen. Sie war die Rose ihres Hauses – Stolz und Rat lehrte sie ihre Mutter – daneben auch ihre Stiefmutter (Mutter ihrer kleinen Schwester) – Liebe erhielt sie von den Brüdern – vom Vater die Krone und Hilfe. Ein ganzes Leben, das längste Leben könnte nicht all diese Erinnerungen an ihre enorme Intelligenz, ihre Glückseligkeit, ihre Liebenswürdigkeit enthalten. Sie hat den Bogen gespannt, bis er brach. Uns ist jedoch die Kordel geblieben, die nach ihren Händen duftet, und der Pfeil, mit dem sie unsere Herzen durchdrang, die blutend das ganze Leben über ihren Verlust weinen werden.
Rom, 5. Juni 1879.
Jacob Moleschott, Sophie Moleschott, geb. Strecker, Karl Moleschott, Armin Moleschott, Elsa Moleschott.

5 gedruckt

6 [Übersetzung:] Am 20. Mai 1893 verstarb Jacob Moleschott, Senator des Reiches, nach kurzer Krankheit, der seine Kinder Karl und Elsa hinterließ.

Nr. 4

Prof. Ernst Haeckel Jena
Telegraphie des Deutschen Reiches. Amt Jena
Telegramm aus München 17. W[oche] 1895 den 6ten 5. um 11 Uhr 50min

Karl Vogt in Genf gestorben. Beilage zur allgemeinen Zeitung bittet Sie um Nachruf.
[Vermerk von Haeckels Hand]: Antwort: kann leider gewünschten Nekrolog nicht liefern. 6. 5. [18]95. H[aec]k[e]l

Chronologie der Briefe und Dokumente

1. Briefe

Nr.	Autor	Datum	Ort	Provenienz
	Vogt-Moleschott			
1	Vogt	06.11.1852	Genf	BAB
2	Vogt	12.12.1860	Bern	BAB
3	Moleschott	15.12.1860	Zürich	UBG
4	Vogt	25.12.1860	Genf	BAB
5	Moleschott	05.01.1860	Zürich	UBG
6	Vogt	04.03.1861	Genf	BAB
7	Moleschott	10.03.1861	Zürich	UBG
8	Vogt	01.05.1862	Genf	BAB
9	Vogt	09.05.1862	Genf	BAB
10	Vogt	12.09.1862	Genf	BAB
11	Vogt	01.11.1862	Genf	BAB
12	Vogt	10.12.1862	Genf	BAB
13	Vogt	08.12.1865	Bologna	BAB
14	Vogt	05.07.1867	Genf	BAB
15	Moleschott	09.07.1867	Turin	UBG
16	Vogt	08.07.[1867]	Genf	BAB
17	Moleschott	undatiert	Turin	UBG
18	Moleschott	10.07.1889	Rom	UBG
	Büchner-Moleschott			
19	Büchner	03.1855	Tübingen	BAB
20	Moleschott	22.06.1855	Heidelberg	
21	Büchner	17.03.1856	Darmstadt	BAB
22	Moleschott	18.03.1856	Heidelberg	
23	Büchner	06.1856	Darmstadt	BAB

Nr.	Autor	Datum	Ort	Provenienz
	Vogt-Haeckel			
24	Vogt	22.08.[1864]	Genf	EHH
25	Haeckel	18.10.1864	Jena	UBG
26	Vogt	04.07.1865	Genf	EHH
27	Haeckel	10.07.1865	Jena	UBG
28	Haeckel	01.03.1870	Jena	UBG
29	Vogt	30.04.1870	Genf	EHH
30	Vogt	04.06.1870	Genf	EHH
31	Vogt	11.06.1870	Genf	EHH
32	Vogt	16.06.1870	Genf	EHH
	Moleschott-Haeckel			
33	Moleschott	23.10.1882	Rom	EHH
34	Moleschott	12.08.1885	Rom	EHH
35	Moleschott	02.01.1886	Rom	EHH
36	Haeckel	08.02.1887	Jena	BAB
37	Moleschott	10.04.1889	Rom	EHH
38	Moleschott	11.07.1889	Rom	EHH
39	Moleschott	13.11.1890	Rom	EHH
40	Haeckel	16.04.1893	Jena	BAB
41	Moleschott	18.04.1893	Rom	EHH
	Büchner-Haeckel			
42	Büchner	12.08.1867	Darmstadt	EHH
43	Büchner	14.08.1868	Darmstadt	EHH
44	Büchner	10.10.1868	Darmstadt	EHH
45	Büchner	14.06.1870	Darmstadt	EHH
46	Büchner	24.11.1874	ohne Ortsangabe	EHH
47	Büchner	29.11.1874	ohne Ortsangabe	EHH

Nr.	Autor	Datum	Ort	Provenienz
48	Büchner	30.03.1875	ohne Ortsangabe	EHH
49	Büchner	26.11.1875	Darmstadt	EHH
50	Büchner	21.10.1878	Darmstadt	EHH
51	Büchner	28.10.1882	Darmstadt	EHH
52	Büchner	07.11.1882	Darmstadt	EHH
53	Büchner	17.09.1885	Darmstadt	EHH
54	Büchner	19.11.1887	Darmstadt	EHH
55	Büchner	15.08.1889	Darmstadt	EHH
56	Büchner	23.12.1892	Darmstadt	EHH
57	Büchner	27.02.1894	Darmstadt	EHH
58	Büchner	06.02.1895	Darmstadt	EHH
59	Büchner	28.11.1895	Darmstadt	EHH
60	Büchner	14.12.1895	Darmstadt	EHH
61	Büchner	31.12.1895	Darmstadt	EHH
62	Büchner	18.02.1896	Darmstadt	EHH
63	Büchner	17.02.1897	Darmstadt	EHH

2. *Dokumente*

1	Vogt	09.05.1862	Genf	BAB
2	Moleschott	05.06.1879	Rom	EHH
3	K. u. E. Moleschott	20.05.1893	Rom	EHH
4	allgem. Zeitung	06.05.1895	München	EHH

Personenregister

Agassiz, Louis Jean Rudolphe (1807–1873) 135
Schweizer.-amerikan. Zoologe, Paläontologe, Glaziologe und Tiefseeforscher, ab 1831 Prof. der Naturgeschichte in Neuchâtel, ab 1846 in den U.S.A., Prof. der Zoologie und Geologie in Boston, Charleston und Cambridge/Mass., Gründer des Museums of Comparative Zoology in Harvard; stellte durch Vermittlung A. v. Humboldts im Auftrag des Fürsten von Neuchâtel einen Faunenvergleich von Europa und den U.S.A. an, 1850 Korallenstudien in Florida im Auftrag der U.S. Coast Survey, neben glaziologischen Forschungen bedeutende Arbeiten über Echinodermen, Mollusken und fossile Fische (zus. mit C. Vogt und E. Desor), führte seine paläozoologischen Studien im Sinne von G. Cuvier fort, Gegner des Darwinismus

Aveling, Edward Bibbins (1851–1898) 149
Engl. Arzt und Schriftsteller, Prof. der vergleichenden Anatomie am London Hospital; 1882 Mitglied des Londoner Schulausschusses, seit 1879 sozialistischer Aktivist und Freidenker, Schwiegersohn von Karl Marx, schrieb u.a. »The Religious Views of Charles Darwin« (1883), Übersetzer einiger Werke Haeckels

Balser, Georg Friedrich Wilhelm (1780–1846) 88
Dt. Mediziner, prakt. Arzt in Darmstadt, seit 1804 Prof. der Medizin in Gießen

Bavier, [?] 102

Bischoff, Theodor Ludwig Wilhelm von (seit 1870) (1807–1882) 84, 86, 87, 89, 95, 96, 101
Dt. Mediziner, 1843 Prof. der Physiologie, 1844 der Anatomie in Gießen, seit 1854 Prof. der Anatomie und Physiologie in München; besondere Verdienste durch seine Untersuchungen zur Entwicklungsgeschichte der Säugetiere und des Menschen

Bismarck, Otto von (1815–1898) 108
1871 Fürst, 1890 Herzog von Lauenburg, 1862–1890 preußischer Ministerpräsident, 1871–1890 Reichskanzler

Blind, Karl (1826–1907) 148, 149
Dt. Schriftsteller und Journalist, 1848–1849 Teilnehmer an den badischen Aufständen, danach Exil in London; informierte Karl Marx über eine vermeintliche honorierte Agententätigkeit C. Vogts gegen die kommunistische Bewegung im Auftrag Napoleons III während der 1850er Jahre

Böcker, Frid. Guillaume (*1818) 86
Dt. Mediziner; Forschungen über die neuralgischen Symptome der Erkrankungen des Bewegungsapparates und deren physiotherapeutische Behandlung

Bruno, Giordano (1548–1600) 122, 129
It. Philosoph, 1563–1576 Dominikaner, 1576 der Ketzerei bezichtigt, Flucht nach Deutschland, Frankreich und England; bedeutendster Naturphilosoph der Renaissance, erweiterte die kopernikanische Astronomie zur metaphysischen Lehre von der unendlichen Vielheit der Welten, in Rom als Ketzer verbrannt

Buchner, Hans Ernst August (1850–1902) 161
Dt. Mediziner, 1879–1894 Militärarzt, 1880 Privatdozent, seit 1892 Prof. der Hygiene in München (Nachfolger von M. Pettenkofer) und Direktor des hygienischen Instituts; Arbeiten über Bakteriologie und die natürliche Widerstandsfähigkeit gegen Infektionserreger

Büchner, Sophie (1836–1920) 137, 142, 143, 146
Geb. Thomas, verheiratet 1860 mit Ludwig Büchner

Carpenter, William Benjamin (1813–1885) 115, 151
Engl. Arzt und Naturforscher, 1845–1856 Prof. der Gerichtsmedizin am University College London und Lehrbeauftragter für Physiologie am London Hospital; unternahm mit Sir Wyville Thomson 1868 auf dem Kanonenboot »Lighting« und 1869 auf dem Wachtboot »Porcupine« Seefahrten zur Erforschung der Tiefseefauna der Nordsee und des Mittelmeeres

Claparède, Jean Louis René Antoine Edouard (1832–1871) 107, 109, 112, 116, 117
Schweizer. Naturforscher, seit 1862 Prof. der vergl. Anatomie an der Akademie in Genf; Studien über die Anatomie der Wirbellosen, die Entwicklungsgeschichte der Arthropoden und die Embryologie der Spinnen, meereszoologische Forschungen im Golf von Neapel

Costenoble, Hermann 159
Verleger in Jena
Cuvier, Georges Baron de (1769–1832) 167
Frz. Naturforscher, seit 1795 Prof. in Paris; Begründer der Paläontologie und vergleichenden Anatomie, teilte das Tierreich in die 4 Typen Wirbel-, Weich-, Glieder- und Strahltiere ein, vertrat die Unveränderlichkeit der Arten und erklärte die Verschiedenheit fossiler und rezenter Lebewesen durch seine »Katastrophentheorie«
Darwin, Charles Robert (1809–1882) 96, 109, 120, 121, 134, 135, 136, 139, 149, 151
Engl. Naturforscher, 1831–1836 Teilnahme an einer Forschungsreise mit dem Vermessungsschiff »Beagle«; in seinem Hauptwerk »Die Entstehung der Arten durch natürliche Zuchtwahl« (1859) Versuch einer mechanischen Erklärung der Entstehung der Arten mittels der Deszendenz- und Evolutionstheorie, Schöpfer der noch heute gültigen Theorie der Entstehung der Korallenriffe (1851)
Dawson, John William (1820–1899) 151
Kanad. Geologe, Prof. der Geologie und Paläontologie an der Univ. von Nova Scotia; bedeutende paläobotanische, paläozoologische und prähistorische Studien
Delage, Yves (1854–1920) 159, 161
Frz. Anatom, Physiologe, Zoologe und Embryologe, Prof. in Paris und Caen, seit 1902 Direktor der biologischen Meeresstation Roscoff; Studien über die Embryologie der Schwämme, über Seegurken und die Physiologie des Innenohres, Lamarckist
De Filippi, Filippo (1814–1867) 102, 169
It. Naturforscher, Prof. der Geologie in Bologna; machte 1863 als einer der Ersten den Darwinismus in Italien bekannt
Desor, Edouard (1811–1882) 83
Dt.-schweizer. Privatgelehrter, wegen Teilnahme am Hambacher Fest (1832) als politischer Flüchtling nach Paris, dann nach Bern; geologische, paläontologische, zoologische und prähistorische Forschungen, Gründer der Akademie in Neuchâtel, Prof. der Geologie in Neuchâtel

di Cavour, Camillo Benso Conte (1810–1861) 170
It. Staatsmann, seit 1850 piemont. Agrar-, Industrie- und Handelsminister; kämpfte für die nationale Einigung Italiens

Dohrn, Anton (1840–1909) 119
Dt. Zoologe, 1867 Privatdozent für Zoologie an der Univ. Jena, auf Reisen nach England und Schottland meereszoologische Studien, bes. an Meereskrebsen, 1868–1869 in Messina, seit 1870 ständig in Neapel zum Aufbau der Zoologischen Station, der ersten festen biologischen Meeresstation (Eröffnung 1873), deren Organisation er sich seitdem widmete

du Bois-Reymond, Emil (1818–1896) 147
Dt. Mediziner, seit 1858 Prof. der Physiologie in Berlin (Nachfolger J. Müllers), seit 1867 ständiger Sekretär der Akademie der Wissenschaften; entwickelte die Elektrobiologie zur selbständigen wissenschaftlichen Disziplin, bedeutende wissenschaftsorganisatorische Tätigkeit, leistete mit zahlreichen Reden der kulturellen Anerkennung der Naturwissenschaften in Deutschland Vorschub

Forbes, Edward jun. (1815–1854) 168
Engl. Naturforscher, 1841–1842 zoologische Studien in der Ägäis, 1842 Kurator des Museums der Geological Society of London, 1844 Paläontologe der Geological Survey of Great Britain, 1854 Prof. der Naturgeschichte in Edinburgh; Pionier der Tiefseeforschung, bewies durch den Fang eines Seesterns aus ca. 400 m Tiefe die zoische Beschaffenheit tieferer Meeresschichten, würdigte A. v. Chamissos Entdeckung des Generationswechsels der Tunikaten (Manteltiere) (1821)

Gegenbaur, Carl (1826–1903) 111, 115, 116, 117, 119
Dt. Zoologe, seit 1855 Prof. der Zoologie, seit 1858 der Anatomie in Jena, seit 1873 in Heidelberg; vergl.-anatomische Untersuchungen über die Bildung des Kopfskeletts und der Gliedmaßen

Georg, H. 119
Verleger und Buchhändler in Genf

Goethe, Johann Wolfgang von (1749–1832) 121
Bekämpfte im physikalischen Teil seiner »Farbenlehre« (1810) Newtons Korpuskeltheorie des Lichts, in der Geologie überzeugter Anhänger des »Neptunismus«; in der Biologie Formulierung der

Hypothese über die Entstehung des Schädels der Vertebraten aus umgebildeten Wirbeln (1790, 1806), die unabhängig von Goethe 1807 zuerst von Lorenz Oken veröffentlicht wurde, dachte sich die Urpflanze als Modell der Samenpflanzen (1787), entdeckte den Zwischenkieferknochen beim Menschen (1784), prägte den Begriff »Morphologie« (1796) für die Lehre von der Gestalt sowie der Bildung und Umbildung der organischen Körper, Bekenntnis zu jenen Wissenschaftlern, die die Evolutionstheorie vorbereiteten

Goodsir, John (1814–1867) 168

Schott. Anatom und Meeresbiologe, 1840–1842 Konservator für vergleichende Anatomie am Museum der Univ. Edinburgh, 1843 Leiter der anatomischen und pathologischen Abteilung, 1844 Prosektor der anatomischen Abteilung, 1846 Museumsdirektor, 1841–1843 Konservator am Museum des Royal College of Surgeons, seit 1846 Prof. der Anatomie in Edinburgh; Veröffentlichungen über Meeresbiologie in Gemeinschaft mit E. Forbes jun., grundlegende Forschungen über die Struktur der Zellen, versuchte in naturphilosophischen Studien die Gestalt organischer Formen auf mathematische Grundlagen zurückzuführen

Haacke, Wilhelm (1855–1912) 158, 160, 161

Dt. Zoologe, 1878–1879 Assistent am zool. Institut Jena (E. Haeckel), 1879 Assistent am zool. Institut Kiel (K. Möbius), ab 1881 in Neuseeland, 1882–1884 Museumsdirektor in Adelaine und Forschungsreisen in Australien, 1888–1893 Direktor des zoologischen Gartens in Frankfurt a.M, 1892–1897 Privatdozent für Zoologie an der TH Darmstadt, danach Privatgelehrter; entdeckte 1884 (unabhängig von E. Caldwell) die Eier des Schnabeligels (Echidna), morphologische Studien u.a. über Korallen und Medusen, später entwicklungsgeschichtliche Fragestellungen, prägte, von der Nichtumkehrbarkeit der Entwicklung überzeugt, den Begriff der »Orthogenese«, Verfasser naturphilosophischer Schriften (»Die Schöpfung des Menschen und seine Ideale« (1895)), Mitarbeiter von Brehms »Tierleben« (»Das Tierleben der Erde« (1900–1902))

Haeckel, Agnes 117, 121, 123, 128, 129, 132

Geb. Huschke (1842–1915), Tochter des Jenaer Anatomen Emil Huschke; verheiratet 1867 mit E. Haeckel

Haeckel, Ernst (1834–1919) 117, 129, 130, 133, 158, 173

Heim, Ernst Ludwig (1747–1834) 88

Dt. Mediziner, Arzt in Berlin; Befürworter der Pockenschutzimpfung in Deutschland, führte A. v. Humboldt in die Botanik ein

Hettner, Hermann (1821–1882) 121

Dt. Literatur- und Kunsthistoriker, seit 1851 Prof. der Kunst- und Literaturgeschichte in Jena, seit 1855 Direktor der Antikensammlung und des Museums der Gipsabdrücke in Dresden; Studien zur europäischen Literaturgeschichte des 18. Jhdts. und der Geschichte der Renaissance in Italien

Hillebrand, [?] 93

Hufeland, Christoph Wilhelm (1762–1836) 88

Dt. Mediziner, Leibarzt des Hofes zu Weimar, Arzt und Prof. in Jena und Berlin; bedeutender Sozialhygieniker, führte die Pockenschutzimpfung in Deutschland ein

Hufschmidt, Eugen 94

Doktorand J. Moleschotts in Zürich; arbeitete mit Moleschott über die Reizung des Vagusnervs

Kalkreuth, Stanislaus Graf von (1821–1894) 117

Dt. Landschaftsmaler, 1860–1876 Direktor der Kunstschule in Weimar; Studienreisen in die Alpen, nach Spanien und Italien, Mitglied der Akademien von Berlin, Amsterdam und Rotterdam

Karr, Jean Baptiste Alphonse (1808–1890) 118

Frz. Schriftsteller und Journalist; seit 1839 Chefredakteur des Pariser »Figaro«, Übersiedelung nach Nizza, dort seit 1855 botanischen Studien

Kessmann, [?] 83

Buchhändler in Genf

Klette, Anton (*1834) 142

Dt. Bibliothekar und Professor, zunächst Gehilfe der Universitätsbibliothek in Bonn, seit 1856 Kustos, seit 1870 Prof. und Oberbibliothekar in Jena, mußte im Winter 1879/80 seine Stellung aufgeben, seitdem Schriftsteller in Ostpreußen, Auswanderung nach Amerika?; verzeichnete die nichtorientalischen Handschriften

Koelliker, Rudolf Albert von (1817–1905) 165
Schweizer. Naturforscher, 1840 meeresbiologische Studien auf Föhr und Helgoland, danach in Neapel und Messina, 1843 Prosektor am anatomischen Institut der Univ. Heidelberg, 1845 Prof. der Physiologie und vergl. Anatomie in Würzburg; erkannte 1841 bei entwicklungsgeschichtlichen Studien die Rolle der Spermatozoen als Geschlechtsprodukte, beobachtete 1844 die Zellteilung des Eis bei Cephalopoden (Tintenfischen) und die Bedeutung des Zellkernes in der Embryogenese

Krohn, August David (1803–1891) 165
Russ. Zoologe und Embryologe; arbeitete am Mittelmeer und den atlantischen Inseln über die Entwicklungsgeschichte der Medusen, Echinodermen (Stachelhäuter) und Tunikaten (Manteltiere), beschrieb die Invaginationsgastrula bei Medusen, Seeigeln und Holothurien, präzisierte Chamissos Entdeckung des Generationswechsels der Tunikaten durch Darstellung der Larven der Tonnensalpen und Ascidien

Lamarck, Jean Baptiste Pierre Antoine de Monet de (1744–1829) 121
Frz. Naturforscher, seit 1779 Mitglied der Pariser Akademie der Wissenschaften, seit 1793 Prof. am Jardin des Plantes; schied als erster die Wirbeltiere von den Wirbellosen, begründete aufgrund umfassender systematischer Studien mit seiner »Philosophie zoologique« (1809) die wissenschaftliche Abstammungstheorie

Lehmann, Karl Gotthelf (1812–1863) 86
Dt. Chemiker, 1842 Prof. der Medizin, 1847 Nominalprof. der physiologischen Chemie, 1854 Ordinarius in Leipzig, seit 1856 Prof. der allgemeinen Chemie in Jena; wissenschaftliche Arbeiten über Medizin und physiologische Chemie, Verfasser chemischer Lehrbücher

Lessona, Michele (1823–1894) 102
It. Naturforscher und Schriftsteller, 1853–1862 Dozent für Mineralogie und Zoologie an der Univ. Genua, 1864 Dozent für Zoologie an der Univ. Bologna, seit 1867 Prof. der Zoologie und vergl. Anatomie in Turin; Forschungen über die Systematik und Ethologie der Wirbellosen, bedeutender Vertreter der Darwinschen Evolutionstheorie in Italien, übersetzte u.a. Schriften von C. Darwin, C. Vogt und

A. E. Brehm, Autor einer Darwin-Biographie, förderte den Einfluß der Naturwissenschaften auf die italienische Kultur seiner Zeit

Lewald, Fanny (1811–1889) 119

Dt. Schriftstellerin; engagierte sich für die Verbesserung der Mädchenbildung und das Recht der Frau auf eine eigene Berufsausbildung, seit 1854 verheiratet mit dem Literatur- und Kunsthistoriker Adolf Stahr, unterhielt in Berlin einen literarischen Salon (unter den Gästen: Karl Gutzkow, Varnhagen von Ense, Henriette Herz, Theodor Fontane, Anton Dohrn)

Liebig, Justus Frhr. von (1803–1873) 104

Dt. Chemiker, seit 1824 Prof. in Gießen, seit in 1852 München; wegweisende Arbeiten über organische Chemie und Agrikulturchemie sowie deren praktische Anwendung in Industrie und Landwirtschaft

Matteucci, Carlo (1811–1868) 91, 92, 94

It. Physiker und Physiologe, seit 1832 Prof. der Physik in Bologna, 1838 in Ravenna, 1840 in Pisa; Arbeiten über Elekrophysiologie, erforschte die neuronalen Mechanismen der elektrischen Ladung der Zitterrochen, 1848 Abgesandter der toskanischen Regierung an das Frankfurter Parlament, 1862 it. Unterrichtsminister

Meyer, [?] 145, 146

Verfasser einer Schrift über den Gorilla

Meyer, Jürgen Bona (1829–1897) 140

Dt. Philosoph, seit 1868 Prof. in Bonn; Neukantianer, bildete den kantischen Kritizismus nach psychologisch-empirischer Seite weiter, vertrat in seiner Schrift »Zum Streit über Leib und Seele« (1856) gegenüber dem naturwissenschaftlichen Materialismus die Unabhängigkeit des Psychischen vom Physischen, »Philosophische Zeitfragen. Populäre Aufsätze« (1870, 2. Aufl. 1874)

Milne-Edwards, Henri (1800–1885) 169

Belg.-frz. Naturforscher, Prof. der Naturgeschichte am Collège Henri IV und der École centrale des Arts et manufactures in Paris, seit 1838 Mitglied der Pariser Akademie der Wissenschaften (Nachfolger von G. Cuvier), 1841 Prof. der Entomologie am Muséum d'Histoire naturelle, seit 1862 Prof. der Zoologie und 1864 Direktor der Abteilung für höhere Wirbeltiere, wo ihn 1859 sein Sohn

Alphonse Milne-Edwards (1835–1906) als Assistent unterstützte, der 1876 seinen Lehrstuhl für Zoologie erhielt und 1891 Direktor des Museums wurde; Verfasser einer Naturgeschichte der Crustaceen (1834–1840) und eines Handbuchs der Zoologie (1835), vergleichend anatomische und physiologische Studien zwischen Menschen und Tieren

Möbius, Karl August (1825–1908) 151
Dt. Zoologe, 1853–1856 Assistent am Zoologischen Museum der Univ. Berlin, seit 1856 Lehrer am Johanneum in Hamburg, meeresbiologische Studien, 1863 Mitbegründer des Hamburger Naturhistorischen Museums und Zoologischen Gartens, dort 1864 Einrichtung des ersten Seewasseraquariums in Deutschland, seit 1868 Prof. der Zoologie in Kiel und Aufbau des Zoologischen Museums, seit 1887 Direktor des Zoologischen Museums, seit 1888 Prof. der systematischen Zoologie und Tiergeographie in Berlin; trug maßgeblich zur Entwicklung der Meeresökologie bei, schuf auf der Basis meeresbiologischer Studien in der Kieler Bucht den Begriff der »Lebensgemeinschaft« (Biocönose), grundlegende Arbeiten über die Bildungsfunktion naturhistorischer Museen, erarbeitete in umfassenden Studien über die »Ästhetik der Tierwelt« (1895–1908) einen zoologisch-psychologischen Schlüssel zu den Gesetzen der ästhetischen Erscheinungsweise der Tiere

Möller, [?] 112
Dt. Hotelier in Messina

Moleschott, Armino 123, 172
Sohn J. Moleschotts

Moleschott, Elsa 100, 102, 172
Tochter J. Moleschotts

Moleschott, Jacob (1822–1893) 91, 172

Moleschott, Karl (*1851) 130, 132, 172
Sohn J. Moleschotts; Ingenieur in Rom, seit 1890 Generalkonsul des Freistaates Oranien

Moleschott, Marie (1853–1879) 123, 131, 171
Tochter J. Moleschotts

Moleschott, Sophie 90, 91, 92, 93, 94, 95, 96, 102, 123, 128, 130, 133, 172
Geb. Strecker, verheiratet 1849 mit J. Moleschott

Moulinié, Jean Jaques (1830–1872) 117, 119
Schweizer. Naturforscher; übersetzte einige Schriften C. Vogts ins Französische
Müller, Johannes (1801–1858) 165
Dt. Anatom und Physiologe, 1827 Prof. der Anatomie und Physiologie in Bonn, seit 1833 Prof. der Physiologie in Berlin sowie Direktor des anatomisch- zootonomischen Museums (heute: Museum für Naturkunde) in Berlin; seine vergleichend anatomisch-taxonomischen Untersuchungen gelten als grundlegend für die Entwicklung der Zoologie, E. du Bois-Reymond, H. von Helmholtz, E. Haeckel und Th. L. Bischoff zählen zu seinen bedeutendsten Schülern
Nauwerk, Robert 94
Schüler J. Moleschotts in Zürich; erforschte mit Moleschott die Funktion des Nervus Sympathicus im vegetativen Nervensystem
Pacini, Filippo (1812–1883) 122
It. Anatom, seit 1849 Prof. in Florenz; Entdecker (1835) der »Pacinischen Körperchen« der Nervenenden
Palmer, [vermutl.] Heinrich Julius Ernst (*1803) 116
Dt. Theologe, seit 1828 Gymnasiallehrer in Darmstadt, seit 1843 auch Lehrbeauftragter der evangelischen Theologie an der Univ. Gießen
Papst Leo XIII (1878–1903) 130
Vorher Graf Giaccino Pecci (1810–1903); Gegner des neuen Italien, gegenüber den modernen geistigen und sozialen Richtungen Vertreter des Neuthomismus
Plonplon, [?] 115
Ranke, Johannes (1836–1916) 150
Dt. Physiologe, Anthropologe und Prähistoriker, seit 1886 Prof. der Anthropologie in München, seit 1889 Direktor der anthropologisch-prähistorischen Staatssammlung in München
Ratazzi, Urbano (1808–1873) 94
Von März bis Dezember 1862 italienischer Minister des Inneren
Ricker, J. 101
Verleger in Gießen
Roth, Emil 90, 123
Verleger in Gießen

Rödinger, Friedrich (1800–1860) 83
Rechtsanwalt in Stuttgart; 1848–1849 Abgeordneter der Frankfurter Nationalversammlung, Verfasser rechtsphilosophischer und staatsrechtlicher Schriften
Roßmäßler, Emil Adolf (1806–1867) 83
Dt. Schriftsteller, Studium der Theologie in Leipzig, wegen wichtiger Beiträge zur Flora Deutschlands sowie bedeutender Forschungen über Insekten und Mollusken seit 1830 Prof. der Zoologie an der sächsischen Akademie für Forst- und Landwirtschaft in Tharandt, 1848–1849 Abgeordneter der Frankfurter Nationalversammlung; 1849 Verlust der Professur wegen seines Einsatzes für die Reform der Volksbildung in der Sektion für das Volksschulwesen des Parlamentsausschusses für die Kirchen- und Schulangelegenheiten, seitdem erfolgreiche Tätigkeit als naturwissenschaftlicher Volksschriftsteller in Leipzig
Rütten, A. 93
Neffe des Verlegers Josef Jakob Rütten (1805–1878)
Sars, Michael (1805–1869) 168
Norw. Naturforscher, zuerst Pastor in Kinn und Manger bei Bergen, 1854 Prof. der Zoologie in Oslo; Verfasser der »Fauna littoralis Norvegiae« (1846–1856)
Schenk, Karl (1823–1895) 94
Seit 1855 Regierungspräsident in Bern, seit 1856 Ständerat, Bundesrat, Bundespräsident 1865, 1871, 1874, 1878, 1885, 1893
Schiff, Moritz (1823–1896) 91, 92, 94, 102
Dt.-schweizer. Mediziner, 1848 als politischer Flüchtling nach Paris, 1855–1863 Prof. der vergl. Anatomie in Bern, 1863–1876 in Florenz und 1876–1896 in Genf; Studien über die Degeneration und Regeneration der Nerven und die Funktionsweise der Schilddrüse
Schlesinger, Josef (1831–1901) 152
Östr. Geodät, seit 1875 Prof. der Geodäsie und darstellenden Geometrie an der Hochschule für Bodenkultur in Wien; Begründer einer »antimaterialistischen Naturwissenschaft«
Schmidt, [?] 117
Dt. Maler

Schrader, Eberhard (1836–1908) 142, 145
Dt. Theologe und Orientalist, Professor der Assyriologie in Berlin, Mitarbeiter der Jenaer Literaturzeitung; Studien zur Kritik und Erklärung der biblischen Urgeschichte, Assyrisch-babylonische Keilinschriften (1872), sowie über Keilinschriften und das Alte Testament (1872)

Spinoza, Baruch (Benedictus) de (1632–1677) 131
Holl. monistisch-pantheistischer Philosoph

Strecker, Karoline 96, 100, 101, 102
Mutter S. Moleschotts

Stremayr, Carl Edler von (1823–1904) 115
1848–1849 Abgeordneter der Frankfurter Nationalversammlung, seit 1870 österr. Minister für Kultus und Unterricht

Valentin, Gabriel Gustav (1810–1883) 87
Dt.-schweizer. Mediziner, 1836–1881 Prof. der Physiologie in Bern; Arbeiten über Toxikologie, Anatomie, Histologie und Embryologie

Vereny, [?] 166
Ein von C. Vogt zur Assistenz in Nizza arbeitender Meereszoologen angelernter Fischer

Virchow, Rudolf (1821–1902) 116, 130, 140, 147, 148, 150
Dt. Mediziner, Pathologe, Anthropologe und Sozialpoliker; 1846 Prosektor an der Charité in Berlin, 1849–1856 Prof. der pathologischen Anatomie in Würzburg, seit 1856 in Berlin, seit 1859 im Stadtrat von Berlin, 1861–1902 Mitglied des Preußischen Landtages, 1880–1893 des Deutschen Reichstages als Abgeordneter der »Fortschrittspartei«; Begründer der Zellularpathologie

Vogt, Adolph (*1823) 94
Bruder C. Vogts, Dr. med., 1845 Lehrer der Mathematik in Bern, 1849 Choleraarzt in Paris, 1849–1856 Arzt in Laupen, 1856–1877 in Bern, Prof. der Hygiene; förderte das Gesundheitswesen der Stadt Bern, die Einführung des Impfzwanges und die Sanitätspolizei, pflegte 1876 den todkranken russischen Anarchisten Michail Bakunin in seiner Privatklinik

Vogt, Carl (1817–1895) 148, 173

Vogt, Philipp Friedrich Wilhelm (1786–1861) 83, 90
Vater C. Vogts, seit 1817 Prof. der Medizin in Gießen, seit 1835 in Bern, 1836 Rektor der Universität Bern; unterhielt freundschaftliche Beziehungen zu führenden Köpfen der zeitgenössischen liberalen Bewegung

Vogt, [?] 91, 102, 103, 107, 109, 110, 112
Verheiratet 1853 mit C. Vogt

Voit, Carl von (1831–1908) 84, 86
Dt. Mediziner und Physiologe, seit 1860 Prof. in München; Studien über den Stoffwechsel der Säugetiere und des Menschen

Weismann, August (1834–1914) 153, 159, 160
Dt. Mediziner und Zoologe, 1867–1912 Prof. in Freiburg; Begründer des »Neodarwinismus« mittels einer Synthese der »mechanischen« Selektionstheorie Darwins sowie der Genetik und Zellenlehre, vertrat die Trennung des »Keimplasmas« vom »Körperplasma« (Soma) im Individuum (Weismann-Doktrin) und lehnte die Vererbung erworbener Eigenschaften ab

Wolf, Joseph (1820–1899) 143, 145
Dt. Naturforscher, professioneller Tierzeichner und Lithograph; illustrierte zahlreiche naturkundliche Bücher und wissenschaftliche Abhandlungen, veröffentlichte in seinem Werk »The poets of the Woods« (1853) erstmals Farbsteindrücke der Vögel

Ziegler, Heinrich Ernst (1858–1925) 153
Dt. Zoologe; 1882 Assistent, 1884 Privatdozent am zool. Institut Straßburg (C. Gegenbaur), 1887 am zool. Institut Freiburg (A. Weismann), seit 1890 ao. Prof. in Freiburg, 1898 ao. (Ritter-) Prof. in Jena, seit 1909 Prof. der Zoologie und Hygiene an der TH Stuttgart; Studien über Entwicklungsgeschichte und Tierpsychologie, in Verbindung mit J. Conrad und E. Haeckel Hg. von »Natur und Staat. Beiträge zur naturwissenschaftlichen Gesellschaftslehre.« (1903–1918) 10 Bde., Anhänger Weismanns

Literaturverzeichnis

Agassiz, Louis 1860: Contributions to the natural history of the United States of North America. First volume, part I: Essay on classification

Altner, Günther (Hrsg.) 1981: Der Darwinismus. Die Geschichte einer Theorie. Darmstadt: Wissenschaftliche Buchgesellschaft

Aveling, Edward Bibbins 1882: *Ein Besuch bei Darwin.* in: Frankfurter Zeitung und Handelsblatt, Nr. 311 (7.11.1882), Morgenblatt, S. 1

Bender, Wilhelm 1874: *L. Büchner, der Gottesbegriff und dessen Bedeutung in der Gegenwart. Ein allgemein-verständlicher Vortrag.* in: Jenaer Literaturzeitung, im Auftrag der Universität Jena hrsg. von Anton Klette, Nr. 45 (7.11.1874), S. 697–698

Bischoff, Theodor 1853: Der Harnstoff als Maass des Stoffwechsels. Gießen: J. Ricker

– 1867: Ueber die Verschiedenheit in der Schädelbildung des Gorilla, Chimpansé und Orang-Outang, vorzüglich nach Geschlecht und Alter, nebst einer Bemerkung über die Darwinsche Theorie. Mit zweiundzwanzig lithographirten Tafeln. München: Verlag der königlichen Akademie

Bischoff, Theodor/Carl von Voit 1858: Die Gesetze der Ernährung des Fleischfressers durch neue Untersuchungen festgestellt von Th. L.W. Bischoff und C.v.Voit. Leipzig, Heidelberg: Winter

Bloch, Ernst 1972: Das Materialismusproblem. Seine Geschichte und Substanz. Frankfurt a.M.: Suhrkamp

Böhme, Gernot 1986: *Ludwig Büchner.* in: Büchner – Zeit, Geist, Zeitgenossen. Ringvorlesung an der Technischen Hochschule Darmstadt im Wintersemester 1986/87 zum 150. Todestag von Georg Büchner, S. 255–264. Darmstadt 1989

Bölsche, Wilhelm 1878: Entwickelungsgeschichte der Natur. In zwei Bänden. Bd. 2. Neudamm: J. Neumann

– 1897: *Erinnerungen an Karl Vogt.* in: Neue Deutsche Rundschau, Jg. 8, Heft 6 (Juni 1897), S. 551–561

– 1901: *Zur Geschichte der volkstümlichen Naturforschung.* in: Ludwig Büchner 1901: Kaleidoskop. Skizzen und Aufsätze aus Natur und Menschenleben. S. I–XXXII. Gießen: Emil Roth

Brömer, Rainer 1993: *Ernst Haeckel und die Italiener. Zeugnisse aus dem Briefnachlaß.* in: Haeckel e L'Italia: la vita come scienza e come storia. Hrsg. vom Centro Internazionale di Storia della Nozione e della Misura dello Spazio e del Tempo Brugine (Padova) und dem Institut für Geschichte der Medizin, der Naturwissenschaft und der Technik der Friedrich-Schiller-Universität Jena. S. 91–102. Brugine: Edizioni Centro Internazionale dello Spazio e del Tempo

Buchner, Hans 1896: *Naturwissenschaft und letzte Probleme.* Beilage zur Allgemeinen Zeitung Nr. 22 (28.1.1896). München

Büchner, Ludwig 1855: Kraft und Stoff. Empirisch-naturphilosophische Studien. In allgemein-verständlicher Darstellung. Frankfurt a.M.: Meidinger & Cie.

– 1856: Kraft und Stoff. Empirisch-naturphilosophische Studien. In allgemeinverständlicher Darstellung. 4. verm. und mit einem 3. Vorw. vers. Aufl. Frankfurt a.M.: Meidinger Sohn & Cie.

– 1857: Natur und Geist. Gespräche zweier Freunde über den Materialismus und über die real-philosophischen Fragen der Gegenwart. In allgemein-verständlicher Form. Frankfurt a.M.: Meidinger Sohn & Cie.

– 1861: Physiologische Bilder. In 2 Bänden. Bd. 1. Leipzig: Theodor Thomas

– 1862: Aus Natur und Wissenschaft. Studien, Kritiken und Abhandlungen. Leipzig: Theodor Thomas

– 1864: Bestätigung der Unsterblichkeit der Materie durch die Darwinsche Theorie. in: Günther Altner (Hrsg.) 1981: Der Darwinismus. Die Geschichte einer Theorie, S. 191–199. Darmstadt: Wissenschaftliche Buchgesellschaft

– 1868a: Sechs Vorlesungen über die Darwinsche Theorie von der Verwandlung der Arten und der ersten Entstehung der Organismenwelt, sowie über die Anwendung der Umwandlungstheorie auf den Menschen, das Verhältnis dieser Theorie zur Lehre vom Fortschritt und den Zusammenhang derselben mit der materialistischen Philosophie der Vergangenheit und Gegenwart. Leipzig: Theodor Thomas

– 1868b: Sechs Vorlesungen über die Darwinsche Theorie von der Verwandlung der Arten und der ersten Entstehung der Organismenwelt, sowie über die Anwendung der Umwandlungstheorie auf den Menschen, das Verhältnis dieser Theorie zur Lehre vom Fortschritt und den Zusammenhang derselben mit der materialistischen Philosophie der Vergangenheit und Gegenwart. 2. Aufl. Leipzig: Theodor Thomas

– 1869: Die Stellung des Menschen in der Natur in Vergangenheit, Gegenwart und Zukunft. Oder: Woher kommen wir? Wer sind wir? Wohin gehen wir? Allgemeinverständlicher Text mit zahlreichen wissenschaftlichen Erläuterungen und Anmerkungen. Leipzig: Theodor Thomas

– 1870: Kraft und Stoff. Empirisch-naturphilosophische Studien. In allgemeinverständlicher Darstellung. 11. Aufl. Leipzig: Theodor Thomas

– 1874a: Aus Natur und Wissenschaft. Studien, Kritiken und Abhandlungen. 3. verm. und verb. Aufl. Leipzig: Theodor Thomas

– 1874b: Der Gottesbegriff und dessen Bedeutung in der Gegenwart. Ein allgemein-verständlicher Vortrag. Leipzig: Theodor Thomas

– 1875: Physiologische Bilder. Bd. 2. Leipzig: Theodor Thomas

– 1876a: Natur und Geist. Gespräche zweier Freunde über den Materialismus und über die real-philosophischen Fragen der Gegenwart. In allgemein-verständlicher Form. 3. verb. Aufl. Leipzig: Theodor Thomas

– 1876b: Kraft und Stoff. Naturphilosophische Untersuchungen auf thatsächlicher Grundlage. In allgemein-verständlicher Darstellung. 14. sehr verm. und mit Hilfe der neuesten Forschungen ergänzte Auflage. Leipzig: Theodor Thomas

– 1883: Kraft und Stoff oder Grundzüge der natürlichen Weltordnung. Nebst einer darauf gebauten Moral oder Sittenlehre. In allgemein-verständlicher Darstellung. 15. vollständig umgearb. und durch 5 neue Capitel verm. Aufl. Leipzig: Theodor Thomas

– 1884: Aus Natur und Wissenschaft. Studien, Kritiken, Abhandlungen und Entgegnungen. Allgemeinverständlich. 2 Bände. Bd. 2. Leipzig: Theodor Thomas

– 1889: Die Stellung des Menschen in der Natur in Vergangenheit, Gegenwart und Zukunft. Oder: Woher kommen wir? Wer sind wir? Wohin gehen wir? 3. Aufl. Leipzig: Theodor Thomas

– 1890a: Fremdes und Eigenes aus dem geistigen Leben der Gegenwart. Leipzig: Spohr

– 1890b: Die Darwin'sche Theorie von der Entstehung und Umwandlung der Lebewelt. Ihre Anwendung auf den Menschen, ihr Verhältniß zur Lehre vom Fortschritt und ihr Zusammenhang mit der Erfahrungs- und Wirklichkeits-Philosophie der Vergangenheit und Gegenwart. In 6 Vorlesungen, allgemeinverständlich dargestellt. 5. sehr verm. und mit Hülfe der neuesten Forschungen ergänzte Aufl. Leipzig: Theodor Thomas

– 1898: Am Sterbelager des Jahrhunderts. Blicke eines freien Denkers aus der Zeit in die Zeit. Gießen: Emil Roth

– 1900: Im Dienste der Wahrheit. Ausgewählte Aufsätze aus Natur und Wissenschaft. Gießen: Emil Roth

– 1909: Die Macht der Vererbung und ihr Einfluss auf den moralischen und geistigen Fortschritt der Menschheit. 2. Aufl. Leipzig: E. Günther

Büchner, Ludwig und August Specht 1881: Entwurf des Satzungen eines Deutschen Freidenker-Bundes. (gedruckter Brief) Frankfurt a. M.

Burckhardt, Rudolph 1907: Geschichte der Zoologie. Berlin, Leipzig: G. J. Göschen'sche Verlagsbuchhandlung

Danailov, Atanas 1998: *Die ideologische Interpretation des Weismann schen Neodarwinismus.* in: Eve-Marie Engels, Thomas Junker & Michael Weingarten (Hg.): Ethik der Biowissenschaften. Geschichte und Theorie. Verhandlungen zur Geschichte und Theorie der Biologie. Bd. 1 (1998), S. 217–223. Berlin: Verlag für Wissenschaft und Bildung

Dance, Stanley Peter 1978: The Art of Natural History. Animal Illustrators and their work. Woodstock, New York: The Overlook Press

Darwin, Charles 1872: Die Abstammung des Menschen. übers. von Heinrich Schmidt, durchges. und eingel. von Gerhard Heberer. Stuttgart: Alfred Kröner 1966

Daum, Andreas:1995: *Naturwissenschaftlicher Journalismus im Dienst der darwinistischen Weltanschauung: Ernst Krause alias Carus Sterne, Ernst Haeckel und die Zeitschrift Kosmos. Eine Fallstudie zum späten 19. Jahrhundert.* in: Mauritiana 15 (1995), S. 227–245.

– 1998: Wissenschaftspopularisierung im 19. Jahrhundert. Bürgerliche Kultur, naturwissenschaftliche Bildung und die deutsche Öffentlichkeit, 1848–1914. München: R. Oldenbourg

Delage, Yves und M. Goldsmith 1910: Die Entwicklungstheorien. Autor. Übers. nach d. 2. franz. Aufl. v. Rose Thesing. Leipzig: Theodor Thomas

De Pascale, Carla und Alessandro Savorelli 1988: *Sechzehn Briefe von L. Feuerbach an J. Moleschott.* in: Archiv für Geschichte der Philosophie Bd. 70 (1988), S. 46–77

Du Bois-Reymond, Emil 1883: Goethe und kein Ende. Rede bei Antritt des Rectorats der Universität zu Berlin am 15. October 1882. Leipzig: Veit & Comp.

Engelhardt, Dietrich von 1981: *Du Bois-Reymond im Urteil der zeitgenössischen Philosophie.* in: Naturwissenschaften und Erkenntnis im 19. Jahrhundert: Emil Du Bois-Reymond, hrsg. von Gunter Mann, S. 187–205. Hildesheim: Gerstenberg

Engels, Friedrich 1878: Herrn Eugen Dührings Umwälzung der Wissenschaft (»Anti-Dühring«). Berlin: Dietz 1970

– 1888: Ludwig Feuerbach und der Ausgang der klassischen deutschen Philosophie. Berlin: Dietz 1970

– 1925: Dialektik der Natur. Berlin: Dietz 1971

Feuerbach, Ludwig 1850: *Die Naturwissenschaft und die Revolution.* in: Blätter für literarische Unterhaltung, Nr. 269 (9. 11. 1850), S. 1074, Leipzig

– 1851: Das Wesen der Religion. Dreißig Vorlesungen. Leipzig: Alfred Kröner o. J.

– 1993: Briefwechsel III (1845–1852). Gesammelte Werke. Hrsg. von Werner Schuffenhauer. Bd. 19. Berlin: Akademie-Verlag

– 1996: Briefwechsel IV (1853–1861). Gesammelte Werke. Hrsg. von Werner Schuffenhauer. Bd. 20. Berlin: Akademie-Verlag

Gegenbaur, Carl 1859: Grundzüge der vergleichenden Anatomie. 2. Aufl. 1870, Leipzig: Wilhelm Engelmann

– 1874: Manuel d'anatomie comparée par Carl Gegenbaur. Trad. en français sur direction de Carl Vogt. Paris: Reinwald

Geus, Armin 1987: Johannes Ranke (1836–1916). Physiologe, Anthropologe und Prähistoriker. Marburg/Lahn: Basilisken-Presse

Groeben, Christiane 1995: *»The Forefather of the Plan«. Carl Vogt's Contribution to the Foundation of Marine Stations.* in: actes du colloque Carl Vogt à Genève du 4 au 6 mai 1995, Université de Genève (im Druck)

Grützner, P. 1906: *Jacob Moleschott.* Allgemeine Deutsche Biographie. Bd. 52, S. 435–438. Berlin: Duncker & Humblot 1971

Haacke, Wilhelm 1895a: Die Schöpfung des Menschen und seine Ideale. Ein Versuch zur Versöhnung zwischen Religion und Wissenschaft. Jena: Hermann Costenoble

– 1895b: *Brennende Fragen der Entwicklungslehre.*: Beilage zur Allgemeinen Zeitung Nr. 296 (23.12.1895), Nr. 297 (24.12.1895). München

Haeckel, Ernst 1862: Die Radiolarien (Rhiziopoda radiaria). Eine Monographie, I: Text, II: Atlas. Berlin: Georg Reimer

– 1866: Generelle Morphologie der Organismen. Allgemeine Grundzüge der organischen Formen-Wissenschaft, mechanisch begründet durch die von Charles Darwin reformirte Descendenz-Theorie. Bd. 1: Allgemeine Anatomie der Organismen, Bd. 2: Allgemeine Entwickelungsgeschichte der Organismen. Berlin: Georg Reimer

– 1868a: Natürliche Schöpfungsgeschichte. Gemeinverständliche wissenschaftliche Vorträge über die Entwickelungslehre im Allgemeinen und diejenige von Darwin, Goethe und Lamarck im Besonderen, über die Anwendung derselben auf den Ursprung des Menschen und andere damit zusammenhängende Grundfragen der Naturwissenschaft. Berlin: Georg Reimer

– 1868b: Ueber die Entstehung und den Stammbaum des Menschengeschlechts. Zwei Vorträge. Sammlung gemeinverständlicher wissenschaftlicher Vorträge, hrsg. von R. Virchow und Fr. von Holt-

zendorff, 3. Serie, Heft 52–53, Berlin: C. G. Lüderitz'sche Verlagsbuchhandlung
– 1868c: *Monographie der Moneren.* in: Jenaische Zeitschrift für Medicin und Naturwissenschaft, Bd. IV (1868), Heft 1, S. 64–137
– 1869a: Zur Entwickelungsgeschichte der Siphonophoren. Von der Utrechter Gesellschaft für Wissenschaft und Kunst gekrönte Preisschrift. Utrecht: van der Post
– 1869b: Ueber Arbeitsteilung in Natur und Menschenleben. Vortrag, gehalten im Saale des Berliner Handwerker-Vereins am 17. December 1868. Virchow-Holtzendorffs Sammlung. Serie 4, Nr. 78, S. 194–232. Berlin: C. G. Lüderitz'sche Verlagsbuchhandlung
– 1870: Natürliche Schöpfungsgeschichte. Gemeinverständliche wissenschaftliche Vorträge über die Entwickelungslehre im Allgemeinen und diejenige von Darwin, Goethe und Lamarck im Besonderen. 2. verb. und verm. Aufl. Berlin: Georg Reimer
– 1874: Anthropogenie oder Entwickelungsgeschichte des Menschen. Gemeinverständliche wissenschaftliche Vorträge über die Grundzüge der menschlichen Keimes- und Stammes-Geschichte. Leipzig: Wilhelm Engelmann
– 1875: Ziele und Wege der heutigen Entwickelungsgeschichte. Jena: Hermann Dufft
– 1877: Anthropogenie oder Entwickelungsgeschichte des Menschen. Gemeinverständliche wissenschaftliche Vorträge über die Grundzüge der menschlichen Keimes- und Stammes-Geschichte. 3. Aufl. Leipzig: Wilhelm Engelmann
– 1878: Freie Wissenschaft und freie Lehre. Eine Entgegnung auf Rudolf Virchow's Münchener Rede über »Die Freiheit der Wissenschaft im modernen Staat«. Stuttgart: Schweizerbarth
– 1882: Die Naturanschauung von Darwin, Goethe und Lamarck. Vortrag in der ersten öffentlichen Sitzung der 55. Versammlung Deutscher Naturforscher und Aerzte zu Eisenach am 18. September 1882. Jena: Gustav Fischer
– 1887: Report on the Radiolaria, collected by H.M.S. Challenger during the years 1873–1876. I. Part: Porulosa (Spumellaria and Acantharia). II. Part: Osculosa (Nessellaria and Phaeodaria). London: Eyre & Spottiswoode

– 1888: Report on the Siphonophorae, collected by H.M.S. Challenger during the years 1873–1876. London: Eyre & Spottiswoode
– 1889: Natürliche Schöpfungsgeschichte. Gemeinverständliche wissenschaftliche Vorträge über die Entwickelungslehre im Allgemeinen und diejenige von Darwin, Goethe und Lamarck im Besonderen. 8. umgearb. und verm. Aufl. Berlin: Georg Reimer
– 1890: *Algerische Erinnerungen.* in: Deutsche Rundschau, Bd. CXV (1890), S. 19, 216
– 1892: Der Monismus als Band zwischen Religion und Wissenschaft. Glaubensbekenntniss eines Naturforschers, vorgetragen am 9. October 1892 in Altenburg beim 75jährigen Jubiläum der Naturforschenden Gesellschaft des Osterlandes. Bonn: Emil Strauss
– 1895: *Die Wissenschaft und der Umsturz.* in: Zukunft, Nr. 18 (2.2.1895)

Hagelgans, Udo 1985: Jacob Moleschott als Physiologe. (Diss. med.) Marburger Schriften zur Medizingeschichte, Bd. 14, Frankfurt a.M.: Peter Lang

Hemleben, Johannes 1974: Ernst Haeckel. Der Idealist des Materialismus. Hamburg: Anthroposophische Buchhandlung

Holmes, Frederic L. 1976: *Carl von Voit.* in: Dictionary of Scientific Biography. ed. Charles C. Gillispie. Vol. 14, S. 63–67. New York: Charles Scribner's Sons

Hörz, Herbert et. al. (Hrsg.) 1991: Philosophie und Naturwissenschaften. – Wörterbuch zu den philosophischen Fragen der Naturwissenschaften. Neuausgabe. 2 Bände. 3. vollst. überarb. Aufl. Berlin: Dietz

Junker, Thomas 1995: *Darwinismus, Materialismus und die Revolution von 1848 in Deutschland. Zur Interaktion von Politik und Wissenschaft.* in: History and Philosophy of the Life Sciences 17 (1995), S. 271–302

Junker, Thomas und Marsha Richmond 1996: Charles Darwins Briefwechsel mit deutschen Naturforschern. Ein Kalendarium mit Inhaltsangaben, biographischem Register und Bibliographie. Acta biohistorica, Bd. 1, Marburg/Lahn: Basilisken-Presse

Killy, Walter 1995: *Ludwig Büchner.* in: Deutsche Biographische Enzyklopädie, Bd. 2, S. 198, München: Kindler

Kockerbeck, Christoph 1995: *Zur Bedeutung der Ästhetik in Carl Vogts populärwissenschaftlichen Reisebriefen »Ocean und Mittelmeer« (1848).* NTM – Internationale Zeitschrift für Geschichte und Ethik der Naturwissenschaften, Technik und Medizin (1995), H. 3, S. 87–96
– 1997: Die Schönheit des Lebendigen. Ästhetische Naturwahrnehmung im 19. Jahrhundert. Wien, Köln, Weimar: Böhlau
Krause, Ernst (Carus Sterne) 1896: *Carl Vogt.* in: Allgemeine Deutsche Biographie. Bd. XI, S. 181–189. Berlin: Duncker & Humblot 1971
Krauße, Erika 1984: Ernst Haeckel. Biographien hervorragender Naturwissenschaftler, Techniker und Mediziner. Leipzig: BSB B. G. Teubner
Lange, Friedrich Albert 1873: Geschichte des Materialismus und Kritik seiner Bedeutung in der Gegenwart. hrsg. und eingel. von Alfred Schmidt. 2 Bände. Frankfurt a. M.: Suhrkamp 1974
Lee, Samuel 1976: Der bürgerliche Sozialismus von Ludwig Büchner. Eine Ideologie zwischen der bürgerlichen Demokratie und der sozialistischen Arbeiterbewegung. (Diss. rer. oec.) Göttingen
Liebig, Justus von 1851: Chemische Briefe. 3. umgearb. und verm. Aufl. Heidelberg: Winter
Mandelkow, Karl Robert 1980: Goethe in Deutschland. Rezeptionsgeschichte eines Klassikers. Bd. I: 1773–1918. München: C. H. Beck
Meyer, Jürgen Bona 1870: Philosophische Zeitfragen. Bonn: A. Marcus
Möbius, Karl 1878: *Der Bau des Eozoon canadense, nach eignen Untersuchungen verglichen mit dem Bau der Foraminiferen.* in: Palaeontographica 25 (1878), S. 175–192
– 1905: *Aesthetik der Tiere, herausgegeben und kommentiert von Christoph Kockerbeck.* NTM – Internationale Zeitschrift für Geschichte und Ethik der Naturwissenschaften, Technik und Medizin (1997), H. 3, S. 160–173
Moleschott, Jacob 1850: Lehre der Nahrungsmittel. Für das Volk. Erlangen: Enke
– 1852: Der Kreislauf des Lebens. Physiologische Antworten auf Liebig's Chemische Briefe. Mainz: Victor von Zabern
– 1855: Der Kreislauf des Lebens. Physiologische Antworten auf Liebig's Chemische Briefe. 2. Aufl. Mainz: Victor von Zabern

– 1878: Der Kreislauf des Lebens. Bd. 1, 5. verm. und gänzl. umgearb. Aufl. Gießen: Emil Roth

– 1883: Karl Robert Darwin. Denkrede gehalten im Collegio Romano im Namen der Studierenden der Hochschule zu Rom. Gießen: Emil Roth

– 1885: *La Conferenza sanitaria internazionale di Roma 20 mai – 13 juin.* Turin: Loescher, dt. Übers. in: Wiener medizinische Wochenschrift (1885) Nr. 36, 37, 38

– 1887: Der Kreislauf des Lebens. Bd. 2, 5. verm. und gänzl. umgearb. Aufl. Gießen: Emil Roth

– 1892: *Moleschotts Rede vom 9.8.1892 aus Anlaß seines siebzigsten Geburtstages.* in: *† Jaques Moleschott.* in: Archives italiennes de Biologie (1894) XX, S. 1–14

– 1894: Für meine Freunde. Lebens-Erinnerungen. Gießen: Emil Roth

Moser, Walter 1967: Der Physiologe Jakob Moleschott (1822–1893) und seine Philosophie. (Diss. med. dent.) Zürich: Juris

Pilet, Paul Emile 1976: *Carl Vogt.* in: Dictionary of Scientific Biography. ed. Charles Gillispie. Vol. 14, S. 57–58. New York: Charles Scribner's Sons

Querner, Hans 1986: *Carl Vogt.* in: Fritz Krafft (Hrsg.): Große Naturwissenschaftler. Biographisches Lexikon. 2. umgearb. und. erw. Aufl., S. 336–337. Düsseldorf: VDI-Verlag

Ranke, Johannes 1886–1887: Der Mensch. Bd. 1: Entwicklung, Bau und Leben des menschlichen Körpers, Bd. 2: Die heutigen und die vorgeschichtlichen Menschenrassen. Leipzig: Bibliographisches Institut

Rehbock: Philip F. 1975: *Huxley, Haeckel and the Oceanographers. The case of Bathybius haeckelii.* in: Isis 66 (1975), S. 504–533

Rothschuh, Karl E. 1970: *Theodor Ludwig Wilhelm Bischoff.* in: Dictionary of Scientific Biography. ed. Charles C. Gillispie. Vol. 2, S. 160–162. New York: Charles Scribner's Sons

Seng, Joachim 1998: »Ein Bundestag des Deutschen Geistes«. Die Gründung des Freien Deutschen Hochstifts für Wissenschaft, Künste und allgemeine Bildung. Frankfurt a. M.: Freies Deutsches Hochstift, Frankfurter Goethe-Museum

Stenographischer Bericht über die Verhandlungen der deutschen constituirenden National-Versammlung zu Frankfurt a. M. Nr. 65, Mittwoch, den 23. August 1848

Taschenberg, Otto 1920: *Das Leben und die Schriften Carl Vogts.* in: Leopoldina. Amtliches Organ der Kaiserlich Leopoldinisch-Carolinischen Deutschen Akademie der Naturforscher (1920), 56, S. 10–12, 18–24, 40, 51–54, 57–62, 73–74

Uschmann, Georg 1959: Geschichte der Zoologie und der zoologischen Anstalten in Jena 1779–1919. Jena: Gustav Fischer

– 1984: Ernst Haeckel. Biographie in Briefen. Gütersloh: Prisma

Virchow, Rudolf 1870: Menschen- und Affenschädel. Vortrag, gehalten am 18. Febr. 1869 im Saale des Berliner Handwerker-Vereins. Berlin: C. G. Lüderitz'sche Verlagsbuchhandlung

– 1877: Die Freiheit der Wissenschaft im modernen Staat. Rede gehalten in der dritten allgemeinen Sitzung der fünfzigsten Versammlung deutscher Naturforscher und Ärzte zu München am 22. September 1877. 2. Aufl. Berlin: Wiegandt, Hempel & Parey

Vogt, Carl 1839: Zur Anatomie der Amphibien. Bern: C. A. Jenni Vater

– 1847a: Physiologische Briefe für Gebildete aller Stände. Gießen: J. Ricker

– 1847b: Ueber den heutigen Stand der beschreibenden Naturwissenschaften. Rede gehalten am 1. Mai 1847 zum Antritte des zoologischen Lehramtes an der Universität Gießen. Gießen: J. Ricker'sche Buchhandlung

– 1848: Ocean und Mittelmeer. Reisebriefe. 2 Bände. Frankfurt a. M.: Literarische Anstalt

– 1850: *On some Inhabitants of the Freshwater Mussles.* in: Annual of Natural History. London 2. Ser., Vol. 5 (1850), S. 450–454

– 1852: Bilder aus dem Thierleben. Frankfurt a. M.: Literarische Anstalt

– 1861a: *Untersuchungen über die Absonderung des Harnstoffs und deren Verhältniss zum Stoffwechsel.* in: Untersuchungen zur Naturlehre des Menschen und der Thiere, Bd. 7 (1860), S. 495–555, auch separat Gießen 1861: Emil Roth

– 1861b: Physiologische Briefe für Gebildete aller Stände. 3. verm. und verb. Aufl. Gießen: J. Ricker

– 1863a: Nord-Fahrt, entlang der norwegischen Küste, nach dem Nordkap, den Inseln Jan Mayen und Island auf dem Schooner Joachim Heinrich unternommen während der Monate Mai bis October 1861 von Geo Berna, in Begleitung von C. Vogt, H. Hasselhorst, A. Greßly und A. Herzen. Frankfurt a.M.: Jügel in Comm.
– 1863b: Vorlesungen über den Menschen, seine Stellung in der Schöpfung und in der Geschichte der Erde. 2 Bände. Gießen: J. Ricker
– 1866: *Ein Blick auf die Urzeiten des Menschengeschlechtes.* in: Archiv für Anthropologie, Bd. 1. (1866) 1867, S. 7–42
– 1868a: *Ueber Microcephalie und Atavismus.* in: Sitzungsberichte der naturwissenschaftlichen Gesellschaft Isis 1868 (1869), S. 16–19
– 1868b: *Untersuchungen über Microcephalen oder Affenmenschen,* in: Archiv für Anthropologie, Bd. II. (1868), S. 120–284
– 1870: *Menschen, Affen-Menschen, Affen und Prof. Th. Bischoff in München.* in: Untersuchungen zur Naturlehre des Menschen und der Thiere, Bd. 10 (1870), S. 493–525
– 1871: Lehrbuch der Geologie und Petrefactenkunde. Zum Gebrauche bei Vorlesungen und zum Selbstunterrichte. 2 Bände. 3. verm. u. gänzl. umgearb. Aufl. (Bd. 2) Braunschweig: Vieweg & Sohn
– 1874: *Schmarotzer im Thierreiche.* in: Westermann's Illustrierte Monatshefte. 3. Folge. Bd. 5 (Okt. 1874 – März 1875). S. 32–45, 159–170
– 1877: *Apostel-, Propheten- und Orakelthum in der Wissenschaft.* Frankfurter Zeitung und Handelsblatt, Nr. 74 (15. März) Morgenbl., S. 1–3, Nr. 75 (16. März) Morgenbl., S. 1–3, Nr. 81 (22. März) Morgenbl., S. 1–3, Nr. 95 (5. April) Morgenbl., S. 1–3, Nr. 100 (10. April) Morgenbl. S. 1–3
– 1878a: *Papst und Gegenpapst.* in: Freie Neue Presse. (Wien) Jg. Nr. 5053 (21.9.1878)
– 1878b: Die Herkunft der Eingeweidewürmer des Menschen. Vortrag, gehalten in der 5. Sitzung des internationalen Congresses für medicinische Wissenschaften in Genf, Sept. 1877. Basel: Georg
– 1896: Aus meinem Leben. Erinnerungen und Rückblicke. Stuttgart: Erwin Nägele
Voit, Carl von 1860: Untersuchungen über den Einfluss des Kochsalzes, des Kaffee's und der Muskelbewegungen auf den Stoffwechsel.

Ein Beitrag zur Feststellung des Princips von der Erhaltung der Kraft in den Organismen. München: Literarisch-artistische Anstalt

Weismann, August 1902: Vorträge über Descendenztheorie. 2 Bände. Jena: Gustav Fischer

Wittich, Dieter (Hrsg.) 1971: Vogt, Moleschott, Büchner: Schriften zum kleinbürgerlichen Materialismus in Deutschland. Eine Auswahl in zwei Bänden. Berlin: Akademie-Verlag

Wollgast, Siegfried (Hrsg.) 1974: Emil du Bois-Reymond: Vorträge über Philosophie und Gesellschaft. Berlin: Akademie-Verlag

Ziegler, Heinrich Ernst 1893: Die Naturwissenschaft und die socialdemokratische Theorie, ihr Verhältniss dargelegt auf Grund der Werke von Darwin und Bebel. Zugleich ein Beitrag zur wissenschaftlichen Kritik der derzeitigen Socialdemokratie. Stuttgart: Ferdinand Enke

Abbildungsverzeichnis

Portraits

Abb. 1 L. Büchner, in: Büchner 1898
Abb. 2 J. Moleschott, in: Moleschott 1894
Abb. 3 C. Vogt, in: Vogt 1896
Abb. 4 E. Haeckel, Porträt aus dem Jahre 1905. Originalfotografie der Firma Bräunlich & Tesch in Jena, Biohistoricum, Neuburg an der Donau. Reproduktion Friedrich Kaeß, Neuburg an der Donau

Autographen

Abb. 5 Vogt an Moleschott, 6. 11. 1852, BAB
Abb. 6 Moleschott an Vogt, 9. 7. 1867, UBG
Abb. 7 Büchner an Haeckel, 14. 12. 1895, EHH
Abb. 9 Haeckel an Moleschott, 8. 2. 1887, BAB

Illustrationen

Abb. 8 Tafel XI, in: Haeckel 1874

Verzeichnis der biographischen Literatur

Allgemeine Deutsche Biographie. Hg. durch die Historische Commission bei der Königl. Academie der Wissenschaften. 56 Bände. München und Leipzig: Duncker & Humblot 1895–1912

Best, Heinrich und Wilhelm Weege: Biographisches Handbuch der Abgeordneten der Frankfurter Nationalversammlung 1848/49. Düsseldorf: Droste 1998

Concice Dictionary of scientific biography. New York: Charles Scribners Sons: 1981

Deutsches Biographisches Archiv. Eine Kumulation aus 254 der wichtigsten biographischen Nachschlagewerke für den deutschen Bereich bis zum Ausgang des neunzehnten Jahrhunderts. Hg. von Bernhard Fabian. Microfiche-Edition. München: K. G. Saur 1982

Dictionnaire de biographie française. Sous la direction de J. Balteau, M. Barroux, M. Prevost avec le concours de nombreux collaborateurs. 18 tomes. Paris: Librairie Letouzey et Ané 1933–1994

Dictionnaire du darwinisme et de l'évolution. F-N. Publié sous la direction de Patrick Tort. Paris: Presses universitaires de France 1996

Dictionary of scientific biography. Edited by Charles Coulston Gillispie. 18 vols. New York: Charles Scribners Sons 1970–1990

Dohrn, Anton: Briefwechsel 1864–1902/Anton und Rudolf Virchow. Bearbeitet, herausgegeben und mit einer wissenschaftshistorischen Einleitung. von Christiane Groeben und Klaus Wenig. Berlin: Akademie Verlag 1991

Herder Lexikon Naturwissenschaftler. Herder: Freiburg, Basel, Wien 1979

Historisch-biographisches Lexikon der Schweiz. 8 Bände. Neuenburg: Administration des historisch-biographischen Lexikons der Schweiz 1921–1934

Index biographique français. Edited by Helen and Barry Dwyer. 4 Bände. Microfiche-Edition. London, Melbourne, München, New Jersey: K. G. Saur 1993

Indice Biografico Italiano/Italian Biographical Index/Italienischer Biographischer Index. bearb. von Tommaso Nappo und Paolo Noto.

4 Bände. Microfiche-Edition. München, New York, Paris: K. G. Saur 1993
Jahn, Ilse et al. (Hrsg): Geschichte der Biologie. Theorien, Methoden, Institutionen und Kurzbiographien. Jena: Gustav Fischer 1985
Neue Deutsche Biographie. Hg. von der Historischen Kommission bei der Bayerischen Akademie der Wissenschaften. Berlin: Duncker & Humblot 1953 ff.
Pfannenstiel, Max: *Das Meer in der Geschichte der Geologie*, in: Geologische Rundschau (1970) 60, S. 3–72

ACTA BIOHISTORICA

Schriften aus dem Biohistoricum Neuburg an der Donau.
Museum und Forschungsarchiv für die Geschichte der Biologie
Herausgegeben von Armin Geus

Thomas Junker und Marsha Richmond

Charles Darwins Briefwechsel mit deutschen Naturforschern.
Ein Kalendarium mit Inhaltsangaben,
biographischem Register und Bibliographie.
Mit einem Vorwort von Armin Geus.
Marburg 1996.

Acta Biohistorica 1
XXXII und 276 S. 27 X 17 cm. Ebr.
ISBN 9-325347-39-9
Preis: 69.- DM

Heidrun Ludwig

Nürnberger naturgeschichtliche Malerei im 17. und 18. Jahrhundert.
Marburg 1998

Acta Biohistorica 2
456 S., 128 Abb. 46 Farbtaf. 28 X 20,5 cm. Ln.
ISBN 3-925347-46-1
Preis: 186.- DM

Reinhard Mocek

Die Werdende Form. Eine Geschichte der Kausalen Morphologie.
Marburg 1998

Acta Biohistorica 3
580 S., 10 Abb. 25 X 17,5 cm. Ln.
ISBN 3-925347-47-X
Preis: 165.- DM